高等职业教育系列教材

# MATLAB 基础及应用

## 第 5 版

于润伟　朱晓慧　编著

机械工业出版社

本书系统地介绍了 MATLAB R2019a 的工作环境和操作要点，主要包括认识 MATLAB、程序设计、绘图、符号计算、数值计算、图形用户界面和 Simulink 仿真等内容，在附录中列出了部分习题答案和二维码清单。本书注重精讲多练，配备丰富的例题和习题，精选了一些数字图像处理实例作为综合实训项目，便于读者学习及领会 MATLAB 的应用技巧。

本书可作为高职高专院校电子信息、电气自动化、通信工程等专业的教材，也可作为广大科技工作者和教师学习 MATLAB 的参考书。

本书配有微课视频，读者可扫描二维码观看。另外，本书配有授课电子教案，需要的教师可登录 www.cmpedu.com 免费注册，审核通过后下载，或联系编辑索取（QQ：1239258369，电话：010-88379739）。

**图书在版编目（CIP）数据**

MATLAB 基础及应用/于润伟，朱晓慧编著. —5 版. —北京：机械工业出版社，2020.3（2024.7重印）

高等职业教育系列教材

ISBN 978-7-111-64601-3

Ⅰ.①M… Ⅱ.①于… ②朱… Ⅲ.①Matlab 软件-高等职业教育-教材 Ⅳ.①TP317

中国版本图书馆 CIP 数据核字（2020）第 025528 号

机械工业出版社（北京市百万庄大街22号　邮政编码100037）

策划编辑：和庆娣　责任编辑：和庆娣

责任校对：张　征　责任印制：单爱军

北京虎彩文化传播有限公司印刷

2024 年 7 月第 5 版第 8 次印刷

184mm×260mm · 12.25 印张 · 317 千字

标准书号：ISBN 978-7-111-64601-3

定价：45.00 元

电话服务

客服电话：010-88361066

010-88379833

010-68326294

**封底无防伪标均为盗版**

网络服务

机　工　官　网：www.cmpbook.com

机　工　官　博：weibo.com/cmp1952

金　书　网：www.golden-book.com

机工教育服务网：www.cmpedu.com

# 高等职业教育系列教材
# 电子类专业编委会成员名单

# 出 版 说 明

党的二十大报告首次提出"加强教材建设和管理",表明了教材建设国家事权的重要属性,凸显了教材工作在党和国家事业发展全局中的重要地位,体现了以习近平同志为核心的党中央对教材工作的高度重视和对"尺寸课本、国之大者"的殷切期望。教材作为教育目标、理念、内容、方法、规律的集中体现,是教育教学的基本载体和关键支撑,是教育核心竞争力的重要体现。建设高质量教材体系,对于建设高质量教育体系而言,既是应有之义,也是重要基础和保障。为落实立德树人根本任务,发挥铸魂育人实效,机械工业出版社组织国内多所职业院校(其中大部分院校入选"双高"计划)的院校领导和骨干教师展开专业和课程建设研讨,以适应新时代职业教育发展要求和教学需求为目标,规划并出版了"高等职业教育系列教材"丛书。

该系列教材以岗位需求为导向,涵盖计算机、电子信息、自动化和机电类等专业,由院校和企业合作开发,由具有丰富教学经验和实践经验的"双师型"教师编写,并邀请专家审定大纲和审读书稿,致力于打造充分适应新时代职业教育教学模式、满足职业院校教学改革和专业建设需求、体现工学结合特点的精品化教材。

归纳起来,本系列教材具有以下特点:

1)充分体现规划性和系统性。系列教材由机械工业出版社发起,定期组织相关领域专家、院校领导、骨干教师和企业代表开展编委会年会和专业研讨会,在研究专业和课程建设的基础上,规划教材选题,审定教材大纲,组织人员编写,并经专家审核后出版。整个教材开发过程以质量为先,严谨高效,为建立高质量、高水平的专业教材体系奠定了基础。

2)工学结合,围绕学生职业技能设计教材内容和编写形式。基础课程教材在保持扎实理论基础的同时,增加实训、习题、知识拓展以及立体化配套资源;专业课程教材突出理论和实践相统一,注重以企业真实生产项目、典型工作任务、案例等为载体组织教学单元,采用项目导向、任务驱动等编写模式,强调实践性。

3)教材内容科学先进,教材编排展现力强。系列教材紧随技术和经济的发展而更新,及时将新知识、新技术、新工艺和新案例等引入教材;同时注重吸收最新的教学理念,并积极支持新专业的教材建设。教材编排注重图、文、表并茂,生动活泼,形式新颖;名称、名词、术语等均符合国家有关技术质量标准和规范。

4)注重立体化资源建设。系列教材针对部分课程特点,力求通过随书二维码等形式,将教学视频、仿真动画、案例拓展、习题试卷及解答等教学资源融入到教材中,使学生学习课上课下相结合,为高素质技能型人才的培养提供更多的教学手段。

由于我国高等职业教育改革和发展的速度很快,加之我们的水平和经验有限,因此在教材的编写和出版过程中难免出现疏漏。恳请使用本系列教材的师生及时向我们反馈相关信息,以利于我们今后不断提高教材的出版质量,为广大师生提供更多、更适用的教材。

机械工业出版社

# 前　言

MATLAB 是目前国际上应用最广泛的科学与工程计算软件之一，具有简洁紧凑、使用方便、编程效率高、图形功能强等特点，为研究系统和分析实验数据提供了极大便利，深受广大科技工作者的喜爱。MATLAB 近年来已成为高职高专院校自动控制、通信技术、电子信息以及电气自动化等专业的必修课程。

本书第 5 版基于 MATLAB R2019a 和 Simulink 9.3 版，内容分为认识 MATLAB、程序设计、绘图、符号计算、数值计算、图形用户界面、Simulink 仿真和数字图像处理综合实训共 8 章。

第 1 章　介绍 MATLAB 操作桌面、帮助系统、数据结构、文件操作和矩阵运算等内容。

第 2 章　讲解 M 命令文件和函数文件的建立及调试方法，说明了条件选择语句和循环语句的语法结构，使读者能够认识、理解并编写简单的程序。

第 3 章　讲解二维图形和三维图形的绘制方法，通过对实例的学习，能够利用绘图函数对数据进行图形化处理。

第 4 章　介绍符号对象的创建、符号表达式的运算、符号微积分、级数和可视化符号计算器等内容。

第 5 章　介绍数据分析、数值计算、常微分方程的数值求解等内容。

第 6 章　介绍图形用户界面的开发环境和设计规范，讲解控件、菜单、对话框和对象句柄函数的使用方法，使读者能够开发简单的图形用户界面。

第 7 章　介绍 Simulink 基本模块的性质、仿真模型的建立和系统仿真参数的设置等内容。

第 8 章　内容为综合实训，由 4 个数字图像处理项目组成。实现算法难度适中，处理结果直观，能够用肉眼直接观察评价，便于读者学习及领会 MATLAB 的应用技巧。

本书的使用约定如下：以 ≫ 符号开头的内容，需要在命令行窗口中输入；没有以 ≫ 符号开头的内容为 M 文件，需要在文本编辑器中输入（书中加粗的文字），在命令行窗口中观察结果（书中为普通文字）。

本书结合目前高职高专的教学特点，建议总学时为 72 学时，其中课堂教学 26 学时、上机练习 22 学时、实训教学 24 学时。

本书由黑龙江农业工程职业学院于润伟、朱晓慧编著，其中朱晓慧编写第 1 章、3 章、4 章和 5 章；于润伟编写第 2 章、6 章、7 章、8 章和部分习题答案。全书由于润伟统稿。在编写过程中，得到了哈尔滨工业大学固泰电子股份有限公司王志刚技术总监、哈尔滨光宇集团自动化公司曹克忠高级工程师的大力支持，在此表示真诚的谢意。

由于编者水平有限，对一些问题的理解和处理难免有不当之处，衷心希望使用本书的读者批评指正。

编　者

# 目　　录

# 第 1 章　认识 MATLAB

## 本章要点

- 操作界面、帮助系统的使用方法
- 数据操作的有关知识
- 矩阵的基本运算
- 数据和文件操作

## 1.1　MATLAB 概述

MATLAB 是美国 Mathworks 公司于 1984 年推出的一套数值分析和矩阵运算软件，经过几十年的发展，现已成为一种高度集成的计算机语言，是当今科技领域内最具影响力、最有活力的软件之一，被广泛应用于数据处理、科学绘图、控制系统仿真、数字图像处理、通信系统设计以及财务金融等领域。

### 1.1.1　操作界面

MATLAB 软件安装完成后，可通过创建的桌面快捷方式；也可以到"开始"菜单里查找安装的软件；还可以到软件的安装目录里，打开 bin 文件夹，单击其中的 matlab.exe 文件，都可启动 MATLAB 软件，启动后 MATLAB 操作界面如图 1-1 所示。

1.1.1
操作界面

操作界面包括当前文件夹、命令行和工作区等 3 个窗口。

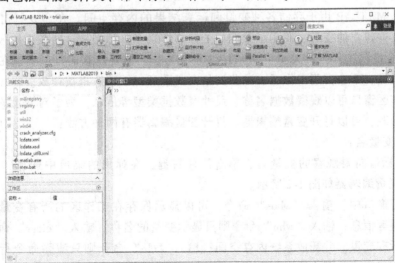

图 1-1　MATLAB 操作界面

### 1. 当前文件夹

当前文件夹是指 MATLAB 运行文件的工作文件夹,只有在当前文件夹或搜索路径下的文件及函数可以被直接运行或调用,如果没有特殊指明,数据文件也将存储在当前文件夹下。通常很多人都习惯于建立自己的工作文件夹,便于文件和数据的管理,因此在运行文件前要将该文件所在的文件夹设置为当前文件夹。

### 2. 命令行窗口

命令行窗口用于输入 MATLAB 命令、函数、矩阵及表达式等信息,并显示除图形以外的所有计算结果,是 MATLAB 的主要交互窗口。当命令行窗口出现提示符>>时,表示 MATLAB 已准备好,可以输入命令、变量或函数,按〈Enter〉键后就可执行。

**【例 1-1】** 计算 $A = 512/8 - 50 \times 2 + 120$。

```
>> A = 512/8-50 * 2+120          %从键盘输入,并单击〈Enter〉键
```

命令行窗口显示结果如下:

```
A =
84
```

**【例 1-2】** 计算 $2\sin(\pi/4) + 3\cos(\pi/2)$。

```
>> 2 * sin (pi/4)+3 * cos (pi/2)      %pi 代表 π
```

命令行窗口显示结果如下:

```
ans =
1.4142
```

MATLAB 语法规定,百分号"%"后面的语句为注释语句。注释语句不参与执行,只用来说明程序或算法,增加程序的可读性。ans 表示在缺省变量名时,系统默认的变量名。

此外,在命令行窗口中单击方向键〈↑〉,可以调出已经输入的前一条命令;单击方向键〈↓〉,可调出当前命令之后的一条命令。

### 3. 工作区

工作区是 MATLAB 用于存储各种变量和运算结果的内存空间。在命令行窗口中输入的变量、运行文件建立的变量、调用函数返回的计算结果等,都将被存储在工作区中,直到使用了 clear 命令清除工作区或关闭了 MATLAB 系统为止。需要注意的是:函数在运行中调用的一些临时变量,不会占用工作区,这些变量在函数运行结束后将被释放。

通过工作区窗口可以观察数据名称、尺寸及数据类型等信息,为了对变量的内容进行观察、编辑与修改,可以打开变量编辑器。打开变量编辑器有两种方法:

1) 双击变量名;

2) 将鼠标指向要观察的变量名,单击鼠标右键,在弹出的菜单中选择"打开所选内容"选项。变量编辑器如图 1-2 所示。

在命令行窗口中,输入"whos"命令,可以显示保存在工作区的所有变量的名称、大小、数据类型等信息;输入"who"命令则只显示变量的名称。输入"clear"命令,可以清除工作区内所有变量,并释放系统内存空间;输入"clc"命令则只清除命令行窗口的屏幕显示内容,而保留工作区内容。

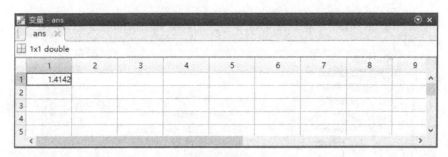

图 1-2　变量编辑器

【例 1-3】　分别用 whos、who 检查【例 1-1】和【例 1-2】运行后的工作空间。

```
>> whos          %从键盘输入，并单击〈Enter〉键
```

命令行窗口显示结果如下：

| Name | Size | Bytes | Class | Attributes |
|------|------|-------|-------|------------|
| A    | 1x1  | 8     | double |           |
| ans  | 1x1  | 8     | double |           |

```
>> who           %从键盘输入，并单击〈Enter〉键
```

命令行窗口显示结果如下：

```
您的变量为：
A    ans
```

## 1.1.2　帮助系统

1.1.2
帮助系统

　　MATLAB 提供了数目繁多的函数和命令，要把它们全部记下来是不现实的。可行的办法是先掌握一些基本内容，然后在实践中不断总结和积累。因此，通过软件本身提供的帮助来学习软件是一个重要的学习方法，MATLAB 提供了功能强大的帮助系统，可以很方便地获得有关函数或命令的使用方法。

### 1. 函数浏览器

　　在命令行窗口内单击鼠标，使光标停留在命令行窗口，再单击按键〈Shift+F1〉，MAT-LAB 将打开函数浏览器窗口，如图 1-3 所示。

　　在函数浏览器窗口内，用鼠标指向某个函数，停留片刻，就会弹出对该函数的解释，使用起来非常方便。

### 2. help 函数

　　在命令行窗口输入 "help" 函数，也是 MATLAB 寻求帮助的一种方便快捷的方法，help 函数的用法主要有以下 3 种：

　　（1）显示当前函数信息。在命令行窗口执行完某个函数或命令后，直接输入 "help" 函数，会显示该函数的用法。例如在命令行窗口输入如下函数：

```
>> clc            % 清空命令行窗口
>> help           % 在命令行窗口直接输入 help，显示当前函数信息
```

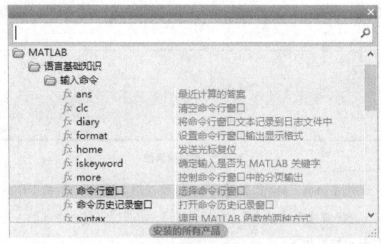

图 1-3　函数浏览器窗口

命令行窗口显示结果如下：

--- clc 的帮助 ---
clc - 清空命令行窗口

此 MATLAB 函数清除命令行窗口中的所有文本，让屏幕变得干净。运行 clc 后，用户不能使用命令行窗口中的滚动条查看以前显示的文本，但可以在命令行窗口中使用向上箭头键〈↑〉从命令历史记录中重新调用语句。

clc
另请参阅 clear, clf, close, home
clc 的参考页

（2）显示某类函数信息。在"help"函数后，输入某类函数的名称（需要知道某类函数的名称或在"帮助"文档中检索）。例如在命令行窗口输入如下函数：

>> help elfun　　　　% elfun 为基本数学函数

命令行窗口部分显示结果如下：

Elementary math functions.

Trigonometric.

| | |
|---|---|
| sin | - Sine. |
| sind | - Sine of argument in degrees. |
| sinh | - Hyperbolic sine. |
| asin | - Inverse sine. |
| asind | - Inverse sine, result in degrees. |
| asinh | - Inverse hyperbolic sine. |
| cos | - Cosine. |
| cosd | - Cosine of argument in degrees. |
| cosh | - Hyperbolic cosine. |
| acos | - Inverse cosine. |

| | |
|---|---|
| acosd | - Inverse cosine, result in degrees. |
| acosh | - Inverse hyperbolic cosine. |
| tan | - Tangent. |
| tand | - Tangent of argument in degrees. |
| tanh | - Hyperbolic tangent. |
| atan | - Inverse tangent. |
| atand | - Inverse tangent, result in degrees. |
| atan2 | - Four quadrant inverse tangent. |

（3）显示具体函数的帮助信息。在"help"函数后，输入某个函数的名称（需要知道该函数的名称或在"帮助"文档中检索）。例如在命令行窗口输入如下：

>> help round　　　　　%显示具体函数的详细信息，本例为 round 函数

命令行窗口部分显示结果如下：

round - 四舍五入为最近的小数或整数

此 MATLAB 函数将 X 的每个元素四舍五入为最近的整数。在对等情况下，即有元素的小数部分恰为 0.5 时，round 函数会偏离零四舍五入到具有更大幅值的整数。

Y = round (X)
Y = round (X, N)
Y = round (X, N, type)
Y = round (t)
Y = round (t, unit)
另请参阅 ceil, fix, floor
round 的参考页
名为 round 的其他函数

**注意**：MATLAB 对字母的大小写是敏感的，变量 A 与变量 a 表示两个不同的变量。MATLAB 所有的命令和函数都必须用小写，例如 round 函数，不能写成 Round 或 ROUND。

函数的帮助信息是把指定函数的注释内容显示出来。因此，用户也可以采用这种注释结构，构成自己文件的在线帮助。

**3. lookfor 函数**

当用户希望查找具有某种功能的命令或函数，但又不知道准确名字的时候，可以使用"lookfor"函数。该函数可以根据用户提供的完整或不完整的关键词，搜索出一组与之相关的函数。例如查找有关图像的函数，将 image 作为关键词来查找，具体如下：

>> lookfor image

命令行窗口部分显示结果如下：

| | |
|---|---|
| HueSaturationValueExample | - Compute Maximum Average HSV of Images with MapReduce |
| imagedemo | - Images and Matrices |
| imageext | - Examples of images with a variety of colormaps |
| imagesAndVideo | - Convert Between Image Sequences and Video |
| cmunique | - Eliminate unneeded colors in colormap of indexed image. |

| imapprox | - Approximate indexed image by one with fewer colors. |
|---|---|
| checkImageSizeForPrint | - Checks to see if the image that will be |
| getLegendableImages | - Returns an array of Images which should be viewed as legendable by the |
| contrast | - Gray scale color map to enhance image contrast. |
| dither | - Convert image using dithering. |

**4. 模糊查询**

用户只需要输入函数的前几个字母（例如 im），然后单击〈Tab〉键，就会弹出一个浮动窗口列出以这几个字母开始的函数，这样用户就知道了某个函数的确切写法，然后再通过 help 函数查询其详细的解释。

**5. 在线帮助页**

帮助页面的所有文件均有相应的 PDF 格式文件，称为在线帮助页，可用 Adobe Acrobat Reader 软件阅读。用户选中帮助页面上关于 PDF 格式文件的选项，或是在命令行窗口中输入命令 doc，都能自动打开在线帮助页。

## 1.1.3 数据结构

正如 MATLAB 的名字——"矩阵实验室"的含义一样，MATLAB 是由专门用于矩阵运算的软件发展起来的，最初的目的是为了解决矩阵运算问题而开发的，所以矩阵是 MATLAB 最基本、最重要的数据对象。MATLAB 大部分运算或函数都是在矩阵运算的意义下执行的，而且这种运算是定义在复数域上的。MATLAB 的矩阵运算功能非常丰富，可以支持线性代数所定义的全部矩阵运算，许多含有矩阵运算的复杂计算问题，在 MATLAB 中很容易得到解决。

**1. 矩阵和数组**

矩阵是指含有 M 行、N 列（M、N 为正整数）数据的矩形结构。通过一定的转化方法，可以将一般的数学运算转化成相应的矩阵运算来处理。在 MATLAB 中，单个数值（标量）被看作是只有 1 行 1 列、仅含 1 个元素的矩阵；列向量是只有 1 列的矩阵、行向量（矢量）是只有 1 行的矩阵。

数组在结构上与矩阵没有区别，只是运算规则不同。数组运算是同一位置（坐标）的元素之间的运算，也就是说无论什么运算，对数组中的元素都是平等进行的；矩阵运算是强调整体的运算，采用线性代数的运算方法。MATLAB 可以进行上述两种运算，MATLAB 是通过运算符的不同来区别这两种运算，带有小黑圆点的运算符就代表相应的数组运算。例如 A * B 表示矩阵运算；A. * B 表示数组运算。

**2. 数据结构**

对于数值数据，MATLAB 中最常用的类型为双精度型，占 64 位（8B），用 double 函数实现转换。此外还有单精度数，占 32 位（4B），用 single 函数实现转换。还有带符号整数和无符号整数，其转换函数有 int8、int16、int32、uint8、uint16 和 uint32，每一个函数名后面的数字表示相应数据类型所占位数，其含义不难理解。

除数值数据以外，还有字符数据，在 MATLAB 中用 char 函数实现转换。在一般情况下，数组的每个元素必须具有相同的数据类型，但在实际应用中，有时需要将不同类型的数据构成同一个数组，因此，MATLAB 提供了结构体（struct）和单元（cell）数据类型，用户也可以根据实际应用需要自定义数据类型。此外，MATLAB 还提供多维数组以及工程中应用十分广泛的稀疏矩阵（sparse）。

数据的数值用十进制表示，有日常记数法和科学记数法两种表示方法，角度则采用弧度制表示。例如：132、2.3000e+012、sin（1.57）等。如果没有定义，MATLAB 默认的数据类型是双精度型。常用的数据类型如表 1-1 所示。

表 1-1　数据类型一览表

| 类型名称 | 函　数 | 举　例 | 说　明 |
|---|---|---|---|
| 字符型 | char | a='A' | 字符型数组每个字符占 2B，即 16 位 |
| 整型（有符号） | int8、int16、int32 | b=int8（156） | 8 位、16 位、32 位的整数数组，常用于表示信号 |
| 整型（无符号） | uint8、uint16、uint32 | c=uint16（156） | |
| 单精度 | single | d=single（32.3） | 单精度数值数组所需的存储空间较小，占 4B，可以表示小数，但精度差，数值范围小，能用于数学运算 |
| 双精度 | double | 32<br>double（44.5） | 双精度数值数组，占 8B，精度高，数值范围大，能用于数学运算，是默认的 MATLAB 变量类型 |
| 稀疏矩阵 | sparse | e=sparse（6） | 稀疏双精度矩阵，稀疏矩阵只存储少数的非零元素，较常规矩阵的存储节约了大量的存储空间 |
| 单元数组 | cell | f={10,'h',3.4} | 单元数组，单元数组元素的尺寸、性质可以不同 |
| 结构体数组 | struct | g=struct（'name','LiXin',<br>'number','441'） | 结构数组，结构数组包括域名，域中可以包括其他数组，与单元数组类似 |

表 1-1 中的数据例子可以在命令行窗口直接输入。MATLAB 的数据类型还有一些其他的表达形式，表中没有列出。在工作区浏览器中，不同的数据类型有着不同的图标标识，在工作区中显示的数据类型如图 1-4 所示。

在图 1-4 中，a 是字符矩阵，b 是有符号 8 位整型矩阵，c 是无符号 16 位整型矩阵，d 是单精度矩阵，e 是稀疏矩阵，f 是单元数组，g 是结构体数组。有些不同类型的数据之间不能够直接运算，还有一些函数对数据的类型有严格的要求，这就需要对数据的类型进行强制转换。例如：uint8（24）就是把默认的双精度数据“24”转化为无符号 8 位整型数据“24”，对变量也可进行同样的操作。强制数据类型转换必须注意数据的取值范围，避免溢出。

请思考一下：输入 b=int8（156），工作区显示 b=127，为什么？

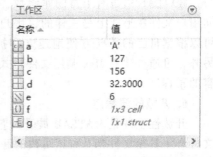

图 1-4　在工作区中显示的数据类型

## 1.1.4　MATLAB 的特点

MATLAB 是以矩阵运算为主要工作方式的数理统计、自动控制、数字信号处理及动态系统仿真等方面的重要工具。MATLAB 操作简单，功能强大，应用广泛，其特点体现在以下几个方面。

**1. 高效方便的矩阵和数组运算**

MATLAB 语言像 C 语言一样规定了矩阵的算术运算符、关系运算符、逻辑运算符、条件运算符及赋值运算符，而且这些运算符大部分可以毫无改变地照搬到数组间的运算，有些运算符（如算术运算符）只要适当改变形式就可用于数组间的运算。另外，MATLAB 不须定义数组的维数，并给出矩阵函数和特殊矩阵专用的库函数，使之在求解信号处理、建模、系统识别、控制及优化等领域的问题时，显得极为简捷、高效，这是其他高级语言所不能比拟的。

**2. 编程效率高**

MATLAB 语言中最基本、最重要的成分是函数。同一个函数名，不同数目的输入变量（包括无输入变量）及不同数目的输出变量，代表着不同的含义（有点像面向对象中的多态性）。这不仅使 MATLAB 的库函数功能更丰富，而且大大减少了所占用的磁盘空间，使得 MATLAB 编写的 M 文件简单、短小而实用。用 MATLAB 编写程序犹如在演算纸上排列出公式和求解问题，因此 MATLAB 语言也被通俗地称为"演算纸式"的语言。

**3. 方便的绘图功能**

MATLAB 有一系列绘图函数，所以绘图十分方便。例如建立线性坐标、对数坐标和极坐标，均只需调用不同的绘图函数；图上的标题、坐标轴标注、网格绘制也只需调用相应的函数，简单易行。另外，在调用绘图函数时，调整绘图参数可绘出不同颜色、类型、宽度的点、线、复线或多重线。

**4. 用户界面友好**

MATLAB 语言是一种解释执行的语言，灵活，方便，其调试程序的手段丰富，调试速度快，方法简单，使用者在短时间即可学会。MATLAB 把编辑、编译、连接、执行和调试融为一体，能在同一窗口上灵活操作，快速查找输入程序中的书写错误和语法错误。例如直接在命令行窗口输入语句，每输完一条 MATLAB 命令就立即对其进行处理，完成编译、连接和运行的全过程；在运行 M 文件时，如果有错，则会给出详细的出错信息，但并非一次显示所有的错误，而是每次运行只显示第一条错误，用户可以边修改边执行，直到正确为止。

**5. 扩充能力强**

MATLAB 语言有丰富的库函数，在进行复杂的数学运算时可以直接调用，而且库函数同用户文件在形式上是一样的，用户文件也可作为 MATLAB 的库函数来调用。因而，用户可以根据自己的需要方便地建立和扩充库函数，以提高 MATLAB 的使用效率和扩充功能。另外，可通过建立 Mex 调用文件格式进行混合编程，能够方便地调用有关 FORTRAN 或 C 语言的子程序。

**6. 开放的源程序**

开放性也许是 MATLAB 最受人们欢迎的特点。除内部函数以外，所有 MATLAB 的核心文件和工具箱文件都是可读可改的源文件，用户可通过对源文件的修改以及加入自己的函数文件来构成新的工具箱。

## 1.2 数据运算

### 1.2.1 变量

**1. 变量的命名**

变量就是在程序运行过程中，其数值可以变化的数据。变量可代表一个或若干个内存单元（变量的地址）中的数

1.2.1
变量

据。为了对变量所对应的存储单元进行访问，需要给变量命名。在 MATLAB 中，变量名可以是由字母、数字或下画线组成的字符序列，最多可包含 63 个字符，但第一个字符必须是字母。例如：myfile13、ab_1cd、EXAMPE 等均为合法变量名，而 3dat、_mydat、123.4 等都不是合法变量名。

在 MATLAB 中，变量名区分字母的大小写，大小写不同的两个变量名被认为是两个不同的变量。例如 A1 和 a1 是两个不同的变量；另外，MATLAB 不支持汉字，汉字不能出现在变量名和文件名中。

**2. 赋值语句**

赋值语句的格式：

> 变量名=表达式

**说明：** 表达式是用运算符把特殊字符、函数名、变量名等有关运算量连接起来的式子。执行后将右边表达式的值赋给左边的变量。如果缺省变量名，表达式的值赋给预定义变量 ans。

赋值语句的运算结果能在命令行窗口中显示，如果在语句的最后加分号，那么 MATLAB 仅执行赋值操作，不显示运算的结果，以抑制不必要的信息显示。如果运算的结果是一个很大的矩阵或根本不需要观察运算结果，则可以在语句的最后加上分号。

如果表达式较长，在一行中放不下，则可以在行末输入 3 个小黑点表示的续行符（…），指明下一行为续行。例如：

```
>> s=1-1/2+1/3-1/4+1/5-1/6+1/7-…
   1/8+1/9-1/10+1/11-1/12;
```

由于 “；” 的存在，计算结果 s=0.6532 并没有显示出来。如果续行符前面是数字，直接使用续行符会出现错误。有两种解决方法：一种是再加一个点（共 4 个点），另一种是先空一格然后再加续行符。

**3. 预定义变量**

在 MATLAB 工作空间中，还驻留几个由系统本身定义的变量。它们有特定的含义，在使用时，应尽量避免对这些变量重新赋值。除前面出现过的 ans 外，还有一些常用的预定义变量，如表 1-2 所示。

表 1-2　常用的预定义变量

| 预定义变量名 | 含　义 | 预定义变量名 | 含　义 |
| --- | --- | --- | --- |
| ans | 计算结果的默认变量名 | i,j | 虚数单位 |
| eps | 容差变量,定义为 1.0 到最近浮点数的距离,等于 2.2204e-16 | inf,Inf | 正无穷大,定义为(1/0) |
| pi | 圆周率 π 的近似值,等于 3.1416 | NaN,nan | 非数。在 IEEE 运算规则中,它产生于 0/0、0×∞ 等的结果 |
| realmax | 最大正实数,等于 1.7977e+308 | nargin | 函数输入参数个数 |
| realmin | 最小正实数,等于 2.2251e-308 | nargout | 函数输出参数个数 |
| lasterr | 存放最新的错误信息 | lastwarn | 存放最新的警告信息 |

如果自定义变量名与预定义变量名或内部函数名相同，那么在清除该自定义变量之前，相应的函数和预定义变量都无效。

**请思考**：与 inf 或 nan 运算，会得到什么结果？

## 1.2.2 常用数学函数

MATLAB 提供了许多数学函数，函数的自变量规定为矩阵变量，运算规则是将函数作用于矩阵的每一个元素，因而函数运算结果是一个与自变量相同维数的矩阵。MATLAB 的常用数学函数如表 1-3 所示。

表 1-3　MATLAB 的常用数学函数

| 函数类别 | 函数名称 | 功　能 | 函数类别 | 函数名称 | 功　能 |
|---|---|---|---|---|---|
| 三角函数 | sin | 正弦 | 复数函数 | abs | 复数的模 |
| | cos | 余弦 | | angle | 相位角 |
| | tan | 正切 | | complex | 由实部和虚部构造复数 |
| | cot | 余切 | | conj | 复数的共轭 |
| | sec | 正割（余弦的倒数） | | imag | 复数的虚部 |
| | csc | 余割（正弦的倒数） | | real | 复数的实部 |
| 对数函数 | log2 | 以 2 为底的对数 | | unwrap | 相位展开 |
| | log | 以 e 为底的对数（自然对数） | | isreal | 是否为实数组 |
| | log10 | 以 10 为底的对数（常用对数） | | cplxpair | 整理为共轭对 |
| 反三角函数 | asin | 反正弦 | 取整函数 | fix | 朝零方向取整 |
| | acos | 反余弦 | | floor | 朝负无穷方向取整 |
| | atan | 反正切 | | ceil | 朝正无穷方向取整 |
| | acot | 反余切 | | round | 四舍五入到最近的整数 |
| | asec | 反正割 | 其他函数 | abs | 绝对值 |
| | acsc | 反余割 | | mod | 模数 |
| 幂函数 | pow2 | 2 的幂次 | | rem | 除后取余数 |
| | sqrt | 开平方 | | sign | 符号函数 |
| 指数函数 | exp | 以 e 为底的指数 | | gcd | 最大公约数 |
| | | | | lcm | 最小公倍数 |

三角函数按弧度计算。另外，mod（x，y）与 y 符号相同，rem（x，y）与 x 符号相同；当 x 与 y 同号时，mod（x，y）等于 rem（x，y）。

**【例 1-4】** 计算 3.14 的余弦函数、自然对数、以 e 为底的指数、朝零方向取整和朝正无穷方向取整运算后的数值。

在命令行窗口输入：

```
>> a=cos （3.14）
a =
    -1.0000
>> b=log （3.14）
```

```
b =
    1. 1442
>> c=exp （3. 14）
c =
   23. 1039
>> d=fix （3. 14）
d =
       3
>> e=ceil （3. 14）
e =
       4
```

### 1.2.3 数据操作

#### 1. input 函数

MATLAB 提供了一些输入输出函数，允许用户通过计算机键盘与 MATLAB 进行数据交换。如果用户想从键盘输入数据，则可以使用 input 函数来进行。该函数的调用格式为：

变量名＝input （'提示信息'，'s'）

**说明**：提示信息是一个字符串，用于提示用户输入什么样的数据，字符串中若有 "\n"，则表示换行输入。参数 s 表示允许用户通过键盘输入字符串；如果缺省 s，则只允许用户输入一个字符或数字。例如：

>> a=input （'How many apples? \ n'，'s'）

命令行窗口显示如下：

How many apples?
two apples                    %通过键盘输入 two apples

命令行窗口显示如下：

 a =                          %运算结果
two apples

#### 2. disp 函数

MATLAB 提供的命令行窗口输出函数主要是 disp 函数，其调用格式为：

disp （输出项）

**说明**：其中输出项既可以是用单引号括起来的数字、字符或字符串也可以是汉字，也可以是矩阵、变量。

例如输出上例创建的字符矩阵 a。

>> disp （a）

命令行窗口显示如下：

two apples

用 disp 函数显示矩阵时将不显示矩阵的名字，而且其格式更紧密，不留没有意义的空行。

**请思考：**如何在命令行窗口显示自己的名字？

### 3. pause 函数

当程序运行时，为了查看程序的中间结果或观看输出的图形，有时需要暂停程序的执行。这时可以使用 pause 函数，其调用格式如下：

```
pause（n）
```

**说明：**n 是一个常数，表示延迟多少秒。如果省略延迟时间，直接使用 pause，则将暂停程序，直到用户单击任意键后程序继续执行。若要强行中止程序的运行可使用〈Ctrl+C〉命令。

### 4. save 命令

save 命令是将 MATLAB 工作空间中的变量存入磁盘。其具体格式如下：

```
save
```

将当前 MATLAB 工作空间中所有变量以二进制格式存入名为 matlab. mat（默认的文件名）的文件中，可在操作界面上工具栏旁的当前文件夹显示的文件夹中，找到该文件。

```
save dfile
```

将当前工作空间中的所有变量以二进制格式存入当前路径下的文件 dfile. mat 中，扩展名 mat 自动产生。如果文件要保存在其他路径，可在文件名前加上路径。例如：在命令行窗口输入 save d：\example1，则将 example1 文件存在 D 盘根目录下。

```
save dfile a b
```

只把变量 a、b 以二进制格式存入 dfile. mat 文件，扩展名自动产生。若存入多个变量，变量名之间用"空格"分隔。

```
save dfile. dat a −ascii
```

将变量 a 以 8 位 ASCII 码形式存入 dfile. mat 文件。

```
save dfile. dat a −ascii −double
```

将变量 a 以 16 位 ASCII 码形式存入 dfile. mat 文件。

```
save（fname,′a′,′−ascii′）
```

fname 是一个预先定义好的包含文件名的字符串，该用法将变量 a 以 ASCII 码格式存入由 fname 定义的文件中。由于在这种用法中，文件名是一个字符变量，因此可以方便地通过编程的方法存储一系列数据文件。

### 5. load 命令

与 save 命令相对应，load 函数是将磁盘上的数据读入工作空间。其具体格式如下：

```
load
```

把磁盘文件 matlab. mat（默认的文件名）的内容读入内存，由于存储 . mat 文件时已包含了变量名的信息，因此调回时已直接将原变量信息带入，不需要重新赋值变量。

```
load dfile
```

把磁盘文件 dfile. mat 的内容读入内存。

```
x = load fname
```

fname 是一个预先定义好的包含文件名的字符串，将由 fname 定义文件名的数据文件读入变量 x 中，使用这种方法可以通过编程方便地调入一系列数据文件。

【例 1-5】 定义 3 个变量 $a=2$，$b=4$，$c=6$，全部存入一个文件中，再把 $a$、$b$ 存入另一个文件中；清空工作空间后，检查工作空间，然后调入变量 $a$，再检查工作空间。

```
>> a = 2;
>> b = 4;
>> c = 6;
>> save mydate1
>> save mydat2 a b
>> clear                %清空工作空间
>> whos                 %检查工作空间，已没有任何变量
>>
>> load mydat2 a
>> whos
```

命令行窗口显示如下：

| Name | Size | Bytes | Class | Attributes |
|------|------|-------|-------|------------|
| a | 1x1 | 8 | double array | |

# 1.3 矩阵

1.3.1
矩阵的建立

## 1.3.1 矩阵的建立

MATLAB 把矩阵作为基本运算对象。数值（标量）可被看成 1×1 的矩阵，矢量（一维数组）可被看成 $n×1$ 或 $1×n$ 的矩阵。在 MATLAB 中，不需要对矩阵的维数和类型进行说明，MATLAB 会根据用户所输入的内容进行配置。创建矩阵有以下 3 种方法。

### 1. 直接输入创建矩阵

通过输入矩阵中每个元素的值来建立一个矩阵，只需以左方括号开始，以逗号或空格为间隔输入元素值，行与行之间用分号或单击〈Enter〉键隔开，最后以右方括号结尾即可。当矩阵中的元素个数比较少时，这种方法非常适用。另外，用"单引号"界定的字符或字符串可创建字符矩阵。

【例 1-6】 创建 3×3 数值矩阵 $A$，$B$ 和字符矩阵 $C$。

```
>> A = [1, 2, 3; 4, 5, 6; 7, 8, 9]
A =
    1    2    3
    4    5    6
    7    8    9
```

```
>> B = [1.5 12 3.3; 14 55 0.6; -7 -0.8 11.9]
B =
    1.5000    12.0000     3.3000
   14.0000    55.0000     0.6000
   -7.0000    -0.8000    11.9000
>> C = 'string'
C =
    string
```

当矩阵较大时，可以分行输入，用〈Enter〉键代替分号，这样的输入形式比较接近线性代数中的矩阵。任何矩阵的元素内部都不能有空格，否则会被 MATLAB 认为是两个元素。

**2. 矢量法创建矩阵**

矢量可以由冒号和数字产生。其格式为：

矢量名 = 初值：增量：终值

**说明**：矢量是从初值开始，以增量为步长，直到不超过终值的所有元素所构成的序列。步长可缺省，默认为"1"。当矩阵中的元素很多且有规律时，可通过矢量来建立一个矩阵。其基本格式为：

矩阵名 = 矢量

【例 1-7】 建立一个 10 以内的奇数矩阵。

```
>> A = 1 : 2 : 10
A =
     1     3     5     7     9
```

**3. 函数法创建矩阵**

利用函数可快速产生一些特别有用的矩阵，如单位矩阵、随机矩阵及零矩阵等，特殊矩阵如表 1-4 所示。

表 1-4　特殊矩阵

| 函数 | 说　明 | 函数 | 说　明 |
|------|--------|------|--------|
| [ ] | 空矩阵 | zeros | 全部元素都为 0 的矩阵 |
| eye | 单位矩阵 | magic | 魔方矩阵 |
| ones | 全部元素都为 1 的常数矩阵 | randperm | 随机排列整数矩阵 |
| rand | 元素服从 0~1 均匀分布的随机矩阵 | randn | 元素服从零均值单位方差正态分布的随机矩阵 |

当某一项操作无结果时，MATLAB 返回一个空矩阵。空矩阵的大小为零，但其确实存在于工作空间中，可以通过变量名访问。

【例 1-8】 建立空矩阵 *A*、单位矩阵 *B*、常数矩阵 *C*、均匀分布随机矩阵 *D*、正态分布的随机矩阵 *E*、零矩阵 *F*。

```
>> A = [ ]
A =
    [ ]
```

```
>> B=eye (3, 4)
B =
    1    0    0    0
    0    1    0    0
    0    0    1    0
>> C=4 * ones (5)
C =
    4    4    4    4    4
    4    4    4    4    4
    4    4    4    4    4
    4    4    4    4    4
    4    4    4    4    4
>> D=rand (2, 3)
D =
    0.9501    0.6068    0.8913
    0.2311    0.4860    0.7621
>> E=randn (2, 3)
E =
   -0.4326    0.1253   -1.1465
   -1.6656    0.2877    1.1909
>> F=zeros (3, 4)
F =
    0    0    0    0
    0    0    0    0
    0    0    0    0
```

建立的矩阵将保存在 MATLAB 的工作区中，并可以随时被调用。如果用户不用 clear 命令清除它，或对它重新赋值，该矩阵将一直保存在工作区中直到 MATLAB 关闭为止。另外，矩阵函数中只有一个输入参数，则建立的矩阵为方阵。

## 1.3.2 矩阵的基本运算

### 1. 矩阵与标量的运算

运算包括加、减、乘、除和乘方运算。矩阵与标量运算是矩阵的每个元素对该标量的运算。MATLAB 用符号 "$\wedge$" 计算乘方时，按照矩阵运算规则计算，要求矩阵为方阵；用符号 ".$\wedge$" 计算乘方时，按照数组运算规则计算，对矩阵没有限制。

【例 1-9】 已知矩阵 $A = \begin{pmatrix} 1 & 2 & 3 \\ 4 & 5 & 6 \end{pmatrix}$，标量 $b=3$，计算 $A+b$、$A*b$、$A/b$ 和 $A.\wedge b$。

```
>> A= [1 2 3; 4 5 6];
>> b=3;
>> C=A+b
C =
    4    5    6
    7    8    9
```

```
>> D = A * b
D =
     3     6     9
    12    15    18
>> E = A/b
E =
    0.3333    0.6667    1.0000
    1.3333    1.6667    2.0000
>> G = A. ^ b
G =
     1     8    27
    64   125   216
```

### 2. 矩阵与矩阵的运算

（1）加减运算

两个矩阵的维数完全相同时，可以进行矩阵加减法运算。如果两个矩阵的维数不相等，则 MATLAB 将给出错误信息，提示两个矩阵的维数不相等。

（2）乘法运算

两个矩阵的维数相容时（$A$ 的列数等于 $B$ 的行数），可以进行 $A$ 乘 $B$ 的乘法运算。

（3）除法运算

矩阵的除法运算包括左除和右除两种运算。其中

左除：$A \backslash B = A^{-1}B$，$A$ 为方矩阵。其中 $A^{-1} = 1/A$

右除：$A/B = AB^{-1}$，$B$ 为方矩阵。其中 $B^{-1} = 1/B$

可见，左除和右除的运算过程以及对矩阵的要求是不一样的，其数学意义也不同。

（4）点运算

两个矩阵之间的点运算是按照数组运算规则计算，矩阵的对应元素直接运算。要求参加运算的矩阵大小必须相同。有 ".*" "./" 和 ".\" 3 种运算符。

【例 1-10】 已知矩阵 $A = \begin{pmatrix} 1 & 2 \\ 3 & 4 \end{pmatrix}$，矩阵 $B = \begin{pmatrix} 5 & 6 \\ 7 & 8 \end{pmatrix}$，求 $A * B$、$A. * B$、$A \backslash B$、$A/B$、$A. \backslash B$ 和 $A. /B$ 的运算结果。

```
>> A = [1 2; 3 4];
>> B = [5 6; 7 8];
>> C = A * B
C =
    19    22
    43    50
>> D = A. * B          %矩阵点乘
D =
     5    12
    21    32
```

```
>> F = A \ B                %矩阵左除
F =
  -3.0000   -4.0000
   4.0000    5.0000
>> E = A / B                %矩阵右除
E =
   3.0000   -2.0000
   2.0000   -1.0000
>> H = A. \ B               %矩阵点左除
H =
   5.0000    3.0000
   2.3333    2.0000
>> K = A. / B               %矩阵点右除
K =
   0.2000    0.3333
   0.4286    0.5000
```

## 1.3.3 矩阵的操作

1.3.3
矩阵的操作

MATLAB 中对矩阵的操作提供了多种简便的方法，可以对矩阵进行元素操作、提取子块、合并矩阵、转置等操作。

**1. 元素操作**

MATLAB 允许用户对一个矩阵的单个元素进行操作，可以通过元素的下标进行（行、列的序号是从 1 开始的），修改某些元素的值不会影响其他元素的值。

**2. 提取子块**

提取矩阵的某一部分，可以使用冒号表达式。在 MATLAB 中，冒号 ":" 表示 "全部"。

【例 1-11】 输入一个 4×3 的矩阵，选出前 3 行构成一个矩阵；选出前两列构成另一个矩阵。

```
>> A = [1 2 3; 4 5 6; 7 8 9; 10 11 12];
>> B = A (1: 3,:)
B =
    1     2     3
    4     5     6
    7     8     9
>> C = A (:, 1: 2)
C =
    1     2
    4     5
    7     8
   10    11
```

### 3. 矩阵合并

把两个矩阵合并成一个大矩阵，有两种形式：

C= ［A；B］

**说明**：A 矩阵与 B 矩阵的列数必须相同，B 矩阵补在 A 矩阵的下面。

C= ［A，B］

**说明**：A 矩阵与 B 矩阵的行数必须相同，B 矩阵补在 A 矩阵的右面。

### 4. 矩阵的转置

用符号"'"（单引号）可以进行矩阵的转置运算。

### 5. 矩阵的展开

矩阵的展开是按照矩阵在内存中的实际存放形式展开的。矩阵的元素在内存中是按列存放的，即先存放第 1 列，接着存放第 2 列……把一个矩阵内的所有元素统一展开成一个列矢量，其指令格式为：

B=A（:）

【例 1-12】 把矩阵 $A = \begin{pmatrix} 1 & 3 & 5 \\ 7 & 9 & 11 \end{pmatrix}$ 和矩阵 $B = (2 \quad 4 \quad 6)$ 合并成一个矩阵，再转置后展开。

```
>> A= ［1 3 5； 7 9 11］；
>> B= ［2 4 6］；
>> C= ［A； B］
C =

    1     3     5
    7     9    11
    2     4     6
>> C=C'
C =

    1     7     2
    3     9     4
    5    11     6
>> D=C （:）
D =

    1
    3
    5
    7
    9
   11
    2
    4
    6
```

#### 6. 矩阵的线性变换

MATLAB 提供了一些矩阵变换函数，可以对矩阵作形式上的变换。矩阵的变换函数如表 1-5 所示。

表 1-5　矩阵的变换函数

| 函　数 | 说　明 | 函　数 | 说　明 |
| --- | --- | --- | --- |
| diag(A) | 提取矩阵 A 的对角元素 | triu(A) | 提取矩阵 A 的上三角矩阵 |
| diag(A,K) | 提取矩阵 A 的第 K 条对角元素 | tril(A) | 提取矩阵 A 的下三角矩阵 |
| fliplr(A) | 矩阵 A 左右翻转 | flipud(A) | 矩阵 A 上下翻转 |

【例 1-13】　建立一个 3×3 的魔方矩阵，提取其对角元素和下三角矩阵，并上下翻转。

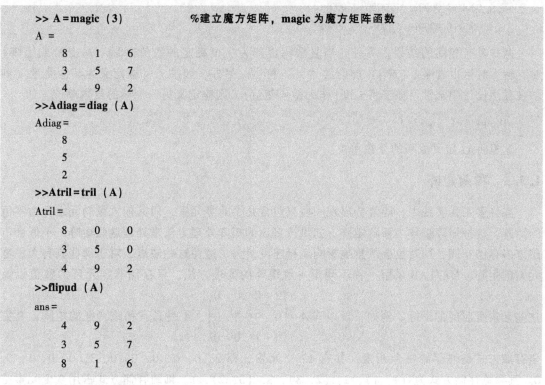

```
>> A = magic (3)            %建立魔方矩阵，magic 为魔方矩阵函数
A =
     8     1     6
     3     5     7
     4     9     2
>>Adiag = diag (A)
Adiag =
     8
     5
     2
>>Atril = tril (A)
Atril =
     8     0     0
     3     5     0
     4     9     2
>>flipud (A)
ans =
     4     9     2
     3     5     7
     8     1     6
```

## 1.3.4　复数和复数矩阵

MATLAB 允许在运算和函数中使用复数或复数矩阵。复数的表示借助于特殊的字符 i 或 j，其值在工作空间中都显示为 0+1.0000i。

#### 1. 复数

复数可由以下两种方式输入：

```
>> z = 1+2i
z =
    1.0000+2.0000i
>>z = 3 * exp (i * 3.14)
z =
    -3.0000+0.0048i
```

其中，3.14 为复数幅角的弧度，3 为复数的模。

**2. 复数矩阵**

复数矩阵有下列两种表示方法：

```
>>a=［1+2i 3+4i; 5+6i 7+8i］
a=
    1.0000+2.0000i   3.0000+4.0000i
    5.0000+6.0000i   7.0000+8.0000i
>>a=［1 3; 5 7］+i*［2 4; 6 8］
a=
    1.0000+2.0000i   3.0000+4.0000i
    5.0000+6.0000i   7.0000+8.0000i
```

两式具有相同的结果。另外，当复数的虚部为一个确定的数值（而不是变量或矩阵）时，输入时可以省略 i（或 j）前面的"*"符号。另外，如果 i、j 被定义为其他变量（例如在程序设计中常常习惯于将 i 和 j 作为循环变量），则应定义另一个新的复数单位，如

```
i1=sqrt（-1），z=3+4*i1
```

这里将 i1 定义成新的复数单位。

## 1.3.5 稀疏矩阵

在许多工程实践中，经常会出现一些只包含几个非零元素，而其他大量的元素都为零值的矩阵，这种矩阵被称为稀疏矩阵。如果按普通的矩阵处理方法来处理这些矩阵，不但会占用许多存储空间，同时也会严重地影响运行速度。为了避免这些缺点，对于那些具有大量零元素的矩阵，MATLAB 采用一种不同于一般矩阵的处理方法，只存储非零元素的数值以及这些元素所对应的下标。例如，设矩阵 $A=\begin{pmatrix} 2 & 0 & 0 & 0 \\ 0 & 0 & 3 & 0 \\ 0 & 1 & 0 & 0 \end{pmatrix}$，$A$ 是具有稀疏特征的矩阵，其完全存储方式是列存储每个元素，共有 12 个元素，即 2，0，0，0，0，0，3，0，0，1，0，0。其稀疏存储方式为（1，1），2，（2，3），3，（3，2），1。稀疏存储方式占用 9 个元素空间，当原矩阵更大且更加"稀疏"时，稀疏存储方式会更有效地提高空间利用率。

虽然 MATLAB 对稀疏矩阵采用了特殊的处理，但其各种运算的规则仍然和完全矩阵一样。另外，MATLAB 也有专门的函数来处理稀疏矩阵，如表 1-6 所示。

表 1-6  处理稀疏矩阵的主要函数

| 函数格式 | 说　明 | 函数格式 | 说　明 |
|---|---|---|---|
| sparse（A） | A 为完全矩阵。将完全矩阵转化为稀疏矩阵 | speye（m,n） | 生成 m×n 阶的稀疏矩阵，只有对角线元素为 1 |
| sparse（m,n） | 生成 m×n 阶所有系数为零的稀疏矩阵 | full（A）A | 为稀疏矩阵。将稀疏阵转化为完全矩阵 |
| sparse（U,V,S） | U,V,S 为等长的矢量，U,V 是 S 中元素行和列的下标。建立一个 U 行、V 列和以 S 为元素的稀疏矩阵 | ［m.n,s］=find（A） | A 为稀疏矩阵。查看稀疏矩阵，m,n 为非零元素的下标，s 为非零元素 |

【例 1-14】 将矩阵 $A = \begin{pmatrix} 0 & 5 & 0 & 0 \\ 0 & 0 & 0 & 0 \\ 12 & 0 & 0 & 0 \\ 0 & 22 & 0 & 9 \end{pmatrix}$ 转化为稀疏矩阵 $B$，并察看；再将稀疏矩阵 $B$ 转

化为完全矩阵 $C$。

```
>> A = [0, 5, 0, 0; 0, 0, 0, 0; 12, 0, 0, 0; 0, 22, 0, 9];
>> B = sparse (A)
B =
    (3, 1)        12
    (1, 2)         5
    (4, 2)        22
    (4, 4)         9
>> [m, n, s] = find (B)
m =
     3
     1
     4
     4
n =
     1
     2
     2
     4
s =
    12
     5
    22
     9
>> C = full (B)
C =
     0     5     0     0
     0     0     0     0
    12     0     0     0
     0    22     0     9
```

## 1.4  关系运算与逻辑运算

1.4
关系运算与逻辑
运算

### 1.4.1  关系运算符

MATLAB 共有 6 种关系运算符，如表 1-7 所示。

表 1-7　关系运算符

| 运　算　符 | 说　　明 | 运　算　符 | 说　　明 |
|---|---|---|---|
| < | 小于 | <= | 小于或等于 |
| > | 大于 | >= | 大于或等于 |
| == | 等于 | ~= | 不等于 |

MATLAB 关系运算符能用来比较两个同样大小的矩阵，或用来比较一个矩阵和一个标量。在后一种情况，标量和矩阵中的每一个元素相比较，结果是一个与原矩阵大小相同的矩阵。

【例 1-15】 已知矩阵 $A$ =(1　3　5　7　9)，找出大于 4 的元素的位置。

```
>> A = [1, 3, 5, 7, 9];
>> b=A>4
b =
     0    0    1    1    1
```

可见，0 出现在 $A$ 中元素 <= 4 的地方，1 出现在 $A$ 中元素 > 4 的地方，形成了一个与原矩阵同样大小的新的矩阵。

**注意**：= = 是关系运算符，比较两个变量的关系，相等时返回 1，不相等时返回 0；= 是赋值运算符，将右侧表达式的结果赋给左侧的变量。

## 1.4.2　逻辑运算符

MATLAB 提供了 3 种逻辑运算符，如表 1-8 所示。

表 1-8　逻辑运算符

| 名　　称 | 运　算　符 | 说　　明 |
|---|---|---|
| 与运算 | & | 两个元素同为非零时，结果为 1；否则为 0 |
| 或运算 | │ | 两个元素同为零时，结果为 0；否则为 1 |
| 非运算 | ~ | 单目运算符。元素为零，结果为 1；元素为非零，结果为 0 |

逻辑运算的方法与关系运算相似，都是对矩阵中的元素进行逻辑运算。如果标量与矩阵运算，则标量逐个与矩阵中的每一个元素进行逻辑运算。

【例 1-16】 建立 $A$，$B$ 两个矩阵，计算 $A\&B$、$A│B$ 和 $\sim B$。

```
>> A = [1 -3 5; 0 1 0]
>> B = [1 50 0; -3 0.5 12]
>> C=A&B
C =
     1    1    0
     0    1    0
>> D=A│B
D =
     1    1    1
     1    1    1
```

```
>> ~B
ans =
     0     0     1
     0     0     0
```

### 1.4.3　其他关系与逻辑函数

除了上面的关系与逻辑运算符以外,MATLAB 还提供了一些其他关系与逻辑函数,如表 1-9 所示。

表 1-9　其他关系与逻辑函数

| 函数格式 | 说明 |
| --- | --- |
| xor(x,y) | 异或运算。x 和 y 相同,即都是零(假)或都是非零(真)结果为 0;x 或 y 不同则结果为 1 |
| any(x) | 如果 x 是一个矢量,含有一个或一个以上的非零元素,结果为 1,否则为零;如果 x 是一个矩阵,结果是一个行矢量,矢量中的 1 对应矩阵中含有非零元素的列 |
| all(x) | 如果 x 是一个矢量,所有元素均为非零时,结果为 1;如果 x 是一个矩阵,结果是一个行矢量,矢量中的 1 对应矩阵中所有元素均为非零的列 |

【例 1-17】　已知矩阵 $A = \begin{pmatrix} 0 & -3.4 & 5 \\ 0 & 11 & 0 \end{pmatrix}$ 和矩阵 $B = \begin{pmatrix} 1 & 50 & 0 \\ -3.14 & 0.5 & 12 \end{pmatrix}$,察看 $A$ 的零元素的情况,并与 $B$ 进行异或运算。

```
>> A = [0 -3.4 5; 0 11 0]
>> B = [1 50 0; -3.14 0.5 12]
>> any (A)
ans =
     0     1     1
>> all (A)
ans =
     0     1     0
>> xor (A, B)
ans =
     1     0     1
     1     0     1
```

## 1.5　文件操作

文件操作是一种重要的输入/输出方式,即从数据文件读取数据或将结果写入数据文件。MATLAB 提供了一系列低层输入/输出函数,专门用于文件操作。

### 1.5.1　文件的打开与关闭

**1. 打开文件**

在读写文件之前,必须先用 fopen 函数打开或创建文件,并指定对该文件进行的操作方式。fopen 函数的调用格

1.5.1
文件的打开与关闭

23

式为：

> fid=fopen（文件名，'打开方式'）

说明：fid 用于存储文件句柄，如果返回的句柄值大于 0，则说明文件打开成功。文件名用字符串形式，表示待打开的数据文件。常见的打开方式如下。

- 'r'：只读方式打开文件（默认的方式），该文件必须已存在。
- 'r+'：读写方式打开文件，打开后先读后写。该文件必须已存在。
- 'w'：打开后写入数据。该文件已存在则更新，不存在则创建。
- 'w+'：读写方式打开文件。先读后写。该文件已存在则更新，不存在则创建。
- 'a'：在打开的文件末端添加数据。文件不存在则创建。
- 'a+'：打开文件后，先读入数据再添加数据。文件不存在则创建。

另外，在这些字符串后添加一个 t，如'rt'或'wt+'，则将该文件以文本方式打开；如果添加的是 b，则以二进制格式打开，这也是 fopen 函数默认的打开方式。

**2. 关闭文件**

当文件进行完读、写等操作后，应及时关闭文件，以免数据丢失。关闭文件用 fclose 函数，调用格式为：

> sta=fclose（fid）

说明：该函数关闭 fid 所表示的文件句柄。sta 表示关闭文件操作的返回值，若关闭成功，返回 0，否则返回-1，通常默认 sta。如果要关闭所有已打开的文件用 fclose（'all'）。

## 1.5.2 二进制文件的读写操作

**1. 写二进制文件**

fwrite 函数按照指定的数据精度将矩阵中的元素写入到文件中。其调用格式如下：

> COUNT=fwrite（fid，A，precision）

说明：COUNT 返回所写的数据元素个数（可缺省），fid 为文件句柄，A 用来存放写入文件的数据，precision 代表数据精度，常用的数据精度有 char、uchar、int、long、float、double 等。默认数据精度为 uchar，即无符号字符格式。

【例 1-18】 将一个二进制矩阵存入磁盘文件中。

```
>> A= [1 2 3 4 5 6 7 8 9];
>> fid=fopen（'d： \ test. bin','wb'）         %以二进制数据写入方式打开文件
fid =
    3                %其值大于 0，表示打开成功
>> fwrite（fid，A,'double'）
ans =
    9                %表示写入了 9 个数据
>> fclose（fid）
ans =
    0                %表示关闭成功
```

**2. 读二进制文件**

fread 函数可以读取二进制文件的数据，并将数据存入矩阵。其调用格式为：

[A，COUNT] =fread（fid，size，precision）

**说明**：A 是用于存放读取数据的矩阵、COUNT 是返回所读取的数据元素个数、fid 为文件句柄、size 为可选项，若不选用则读取整个文件内容；若选用 size，则可以是下列值：N（读取 N 个元素到一个列矢量）、[M，N]（读 M 行 N 列的数据到 M×N 的矩阵中，数据按列存放）。precision 用于控制所写数据的精度，其形式与 fwrite 函数相同。

**【例 1-19】** 将上例数据文件中的前 5 个数据读入到矩阵 **B** 中。

```
>> fid=fopen（'d：\ test. bin','rb'）         %以读方式打开文件
fid =
     3
>> B=fread（fid，5,'double'）                %读入前 5 个数据
B =
     1
     2
     3
     4
     5
>> fclose（fid）;
```

**注意**：矩阵在内存中是按列存放的，所以，存入文件的行矢量读出后，变成了列矢量。在进行文件操作时，一定要小心，必要时可把矩阵转置。

## 1.5.3 声音文件的读写操作

**1. 读声音文件**

audioread 函数可以读取扩展名为 wav、wma、mp3 的声音文件，并按指定格式存入矩阵。其调用格式如下：

1.5.3
声音文件的
读写操作

[Y，FS] =audioread（'FILE'）

**说明**：其中 Y 为矩阵，用来存放读取的声音数据，矩阵的每一列代表一个单独的数据通道（立体声数据被指定为一个具有两列的矩阵），FS 是返回的采样频率，FILE 为包括扩展名的声音文件。

**2. 写声音文件**

audiowrite 函数可以将声音数据按指定格式写入到文件中（扩展名为 wav、wma、mp3等）。其调用格式如下：

audiowrite（'FILENAME'，Y，FS)

**说明**：其中 Y 为矩阵，代表准备写入文件的声音数据、FS 为采样频率（默认时为8000Hz）、FILENAME 为声音文件名。

【例 1-20】 搜索 Windows 下的声音文件 ding. wav 或使用 Windows 提供的录音机录制一段自己的语音（时间控制在 1~3s，将文件另存在硬盘上并更名），使用 wavread 函数读入，观察其采样频率和数据位数；将采样频率改为 8000Hz 和数据位数改为 8 位后，保存到 E 盘并播放该声音文件。

```
>> [Y, FS] = audioread ('C：\ WINDOWS \ Media \ ding. wav');
>>FS            %观察其采样频率
FS =
    44100
>>audiowrite ('E：\ mywav4. wav', Y, 8000)
```

注意：使用 Windows 提供的录音机录制的声音文件的扩展名为 wma，采样频率为 44100Hz。

### 1.5.4 图像文件的读写操作

1.5.4
图像文件的读写操作

**1. 读图像文件**

imread 函数用于从文件中读入图像，图像文件的格式可以是 bmp（Windows 位图文件）、hdf（层次数据格式图像文件）、jpg 或 jpeg（压缩图像文件）、pcx（Windows 画笔图像文件）、tif 或 tiff（标签图像格式文件）等。其函数格式如下：

A = imread（文件名,'图像文件格式'）

说明：A 为无符号 8 位整数（uint8）矩阵。如果读入文件为灰度图像，则 A 为二维矩阵；如果读入图像为真彩色 RGB 图像，则 A 为三维矩阵。

[A, map] = imread（文件名,'图像文件格式'）

说明：map 为双精度浮点数（double），其值在 0~1，表示图像的颜色值。

**2. 写图像文件**

imwrite 函数用于将图像写入文件，图像格式同 imread 函数。其函数格式如下：

imwrite（A, 文件名,'图像文件格式'）

说明：与 imread 函数相同。

imwrite（A, map, 文件名,'图像文件格式'）

说明：map 表示图像颜色格式，其他与 imread 函数相同。

【例 1-21】 读入文件名为 cameraman. tif 的图像文件，改文件名为 image、改格式为 jpg后，存入 D 盘。

```
>> A = imread ('cameraman. tif','tif');
>> imshow（A）        %显示图像
>> imwrite（A,'d：\ image. jpg','jpg');
```

打开 D 盘，可以看到该图像文件的图标。

## 1.6 实训 MATLAB 数据处理

### 1.6.1 跟我学

【例 1-22】 计算 $\dfrac{\sin\ (\ |\ x\ |\ +\ |\ y\ |\ )}{\sqrt{\cos\ (\ |\ x+y\ |\ )}}$ 的值，其中 $x=-1.42$，$y=0.52$。

```
>>clear
>>clc
>>x=-1.42; y=0.52;
>>sin（abs（x）+abs（y））/sqrt（cos（abs（x+y）））    %abs 为取绝对值、sqrt 为开根号
函数
ans=
    1.1829
```

【例 1-23】 求解方程 $ax^2+bx+c=0$ 的根，其中，$a=1$，$b=2$，$c=3$。

```
>> clear
>> clc
>> a=1; b=2; c=3;
>> d=sqrt（b^2-4*a*c）;        %利用求根公式
>> x1=（-b+d）/（2*a）
x1=
    -1.0000+1.4142i
>> x2=（-b-d）/（2*a）
x2=
    -1.0000-1.4142i
```

【例 1-24】 设 $a=4.12$，$b=3.618$，计算 $\dfrac{e^{(a+b)}}{\lg\ (a+b)}$ 的值。

```
>>clear
>>clc
>>a=4.12;
>>b=3.618;
>>exp（a+b）/log10（a+b）
ans=
    2.5814e+003
```

【例 1-25】 建立矩阵 $A=\begin{pmatrix} 1 & 3 & 5 \\ 2 & 4 & 6 \\ -1 & 0 & -2 \\ -3 & 0 & 0 \end{pmatrix}$，$B=\begin{pmatrix} -1 & 3 \\ -2 & 2 \\ 2 & 1 \end{pmatrix}$，求 $C=AB$，并将 $C$ 转置后

存盘。

```
>>clear
>>clc
>>A = [1 3 5; 2 4 6; -1 0 -2; -3 0 0];        %建立矩阵
>>B = [-1 3; -2 2; 2 1];
>>C = A * B
C =
     3    14
     2    20
    -3    -5
     3    -9
>> C = C'                                      %矩阵转置
C =
     3     2    -3     3
    14    20    -5    -9
>>save mydat C                                 %存入 mydat 文件中
>>clear                                        %清除工作空间变量，观察工作空间窗口（workspace）
>>load mydat C                                 %读入数据（比较工作空间窗口的变化）
```

【例1-26】 建立矩阵 $U = (1 -2 0 -1.4 0 0 8)$ 和矩阵 $V = (-1 0 0 7.8 -3 0 -6.2)$，计算 $U >= V$，$U \& V$ 和 xor $(U, V)$ 的值，并查看 $U | V$ 的结果是否存在非零元素。

```
>>clear
>>clc
>>U = [1 -2 0 -1.4 0 0 8];
>>V = [-1 0 0 7.8 -3 0 -6.2];
>>U >= V
ans =
    1    0    1    0    1    1    1
>>U&V
ans =
    1    0    0    1    0    0    1
>>xor (U, V)
ans =
    0    1    0    0    1    0    0
>>any (U | V)
ans =
    1
```

【例1-27】 创建整数随机矩阵 $B$，并以二进制格式存入 D 盘，文件名为 test1. bin。

```
>>clear
>>clc
>>A = randn (3, 4)            %先建立随机矩阵 A
A =
    -0. 5883    0. 1139    -0. 0956    -1. 3362
```

28

```
        2.1832      1.0668     -0.8323      0.7143
       -0.1364      0.0593      0.2944      1.6236
>> B = round (A)              %对 A 矩阵取整，变成整数矩阵
B =
        -1      0       0      -1
         2      1      -1       1
         0      0       0       2
>>fid = fopen ('d：\ test1.bin','wb')；          %以写方式打开文件
>>fwrite (fid, B)
>>fclose (fid)
```

### 1.6.2  自己练

1. 通过帮助浏览器查找 max 函数的用法，并举例说明。

2. 通过帮助浏览器查找并比较 ceil、floor、fix、round、rem 和 sign 函数的用法。

3. 已知 $A = 2.1$，$B = -4.5$，$C = 6$，$D = 3.5$，$E = -5$，计算 $\arctan\left(\dfrac{2\pi A + \dfrac{E}{2\pi BC}}{D}\right)$ 的值。

4. 已知矩阵 $A = \begin{pmatrix} 1 & 0 & -1 \\ 2 & 4 & 1 \\ -2 & 0 & 5 \end{pmatrix}$、$B = \begin{pmatrix} 0 & -1 & 0 \\ 2 & 1 & 3 \\ 1 & 1 & 2 \end{pmatrix}$，求 $2A + B$、$A^2 - 3B$、$A * B$、$B * A$、
$A.*B$、$A \backslash B$、$A/B$、$A.\backslash B$ 和 $A./B$。

5. 使用函数实现左旋 90°或右旋 90°的功能。例如，原矩阵为 $A$，$A$ 左旋后得到矩阵 $B$，右旋后得到矩阵 $C$。

$$A = \begin{pmatrix} 1 & 4 & 7 & 10 \\ 2 & 5 & 8 & 11 \\ 3 & 6 & 9 & 12 \end{pmatrix} \quad B = \begin{pmatrix} 10 & 11 & 12 \\ 7 & 8 & 9 \\ 4 & 5 & 6 \\ 1 & 2 & 3 \end{pmatrix} \quad C = \begin{pmatrix} 3 & 2 & 1 \\ 6 & 5 & 4 \\ 9 & 8 & 7 \\ 12 & 11 & 10 \end{pmatrix}$$

6. 利用函数产生 3×4 阶单位矩阵和全部元素都是 4.5 的 4×4 阶常数矩阵。

7. 利用函数产生 5×5 阶随机分布的矩阵和 5×5 阶正态分布的随机矩阵。

8. 利用画图软件画一幅图画，存盘后，读入 MATLAB 工作空间，并用数组编辑器察看这幅图画的像素值的分布情况。

## 1.7  习题

1. 单项选择题

(1) 可以用命令或是菜单清除命令行窗口中输入的内容。若用命令，则这个命令是（    ）。

A. clear        B. clc        C. clf        D. cls

(2) 在一个矩阵的行与行之间需要用某个符号分隔，这个符号可以是（    ）。

A. 句号        B. 减号        C. 逗号        D. 分号

(3) ones (n, m) 函数是用来产生特殊矩阵的, 形成的矩阵称为 (　　　)。

A. 单位矩阵　　B. 行矢量　　C. 1 矩阵　　D. 列矢量

(4) 在 MATLAB 中, 函数 log (x) 是以 (　　　) 为底求 x 对数。

A. 2　　　　　B. 10　　　　C. x　　　　D. e

(5) 如果 a = -3.2, 使用 (　　　) 取整函数得出 -4。

A. fix　　　　B. rond　　　C. ceil　　　D. floor

2. 判断题

(1) 使用函数 zeros (5) 生成的是一个具有 5 个元素的矢量。(　　　)

(2) 在 MATLAB 命令行窗口中直接输入矩阵时, 矩阵数据要用方括号括起来, 且元素间必须用逗号分隔。(　　　)

(3) 计算 A.*B 时, 要求 A 和 B 结构大小相同, 否则不能进行运算。(　　　)

(4) 数组 A 和数组 B 的结构大小相同, 表达式 A>B 的结果一定是 0 或 1。(　　　)

(5) 使用函数 abs 能够得到一个数值量的绝对值。(　　　)

3. 先建立自己的工作文件夹, 再将自己的工作目录设置到 MATLAB 搜索路径下, 用 help 命令能查询到自己的文件夹吗?

4. gcd 函数用于求两个整数的最大公约数。先用 help 命令查看该函数的用法, 然后利用该函数求 15 和 35 的最大公约数。

5. 已知 $a = 4.96$, $b = 8.11$, 计算 $\dfrac{e^{a-b}}{\ln(a+b)}$ 的值。

6. 已知三角形的三条边 $a = 9.6$, $b = 13.7$, $c = 19.4$, 求三角形的面积。提示: 利用海伦公式 area $= \sqrt{s(s-a)(s-b)(s-c)}$ 计算, 其中 $s = (a+b+c)/2$。

7. 创建矩阵 $A = \begin{pmatrix} -1 & 0 & -6 & 8 \\ -9 & 4 & 0 & 12.3 \\ 0 & 0 & -5.1 & -2 \\ 0 & -23 & 0 & -7 \end{pmatrix}$, 取出其前两列构成矩阵 $B$, 取出其前两行构成矩阵 $C$, 转置矩阵 $B$ 构成矩阵 $D$, 计算 $A*B$、$C<D$、$C\&D$、$C|D$ 和 $\sim C|\sim D$ 的值。

8. 已知矩阵 $A = \begin{pmatrix} 8 & 9 & 5 \\ 36 & -7 & 11 \\ 21 & -8 & 5 \end{pmatrix}$, $B = \begin{pmatrix} -1 & 3 & -2 \\ 2 & 0 & 3 \\ -3 & 1 & 9 \end{pmatrix}$ 求下列表达式的值:

(1) $A+5*B$ 和 $A-B$

(2) $A*B$ 和 $A.*B$

(3) $A^{\wedge}3$ 和 $A.^{\wedge}3$

(4) $A/B$ 和 $B \backslash A$

(5) $[A, B]$

9. 已知 A = 0: 9, B = 10: -1: 1, 下列表达式的值分别是多少?

(1) A == B

(2) A <= 5

(3) A>3&A<7

(4) any (B>3&B<7)

# 第2章　MATLAB 程序设计

## 本章要点

- M 文件的建立与调试方法
- M 文件的程序流程语句
- 函数文件的建立与调用
- 应用程序设计

## 2.1　M 文件

　　MATLAB 命令有两种执行方式：一种是交互式的命令执行方式，用户在命令行窗口逐条输入命令，MATLAB 逐条解释执行，这种方式操作简单、直观，但速度慢，中间过程无法保留；另一种是 M 文件的程序设计方式，用户将有关命令编成程序存储在一个文件（扩展名为 .m）中，MATLAB 依次执行该文件中的命令，这种方式可编写调试复杂的程序，是实际应用中主要的执行方式。

### 2.1.1　M 文件的建立

2.1.1
M文件的建立

　　M 文件是由命令或函数构成的文本文件，可以用任何文本编辑程序来建立和编辑，一般常用且最为方便的是使用 MATLAB 提供的编辑器。M 文件有命令文件（也称主程序文件）和函数文件两种，命令文件可包含多个函数文件。

#### 1. 打开编辑器

　　MATLAB 有"脚本"和"实时脚本"两种文件，分别对应"编辑器"和"实时编辑器"。"实时脚本"和"实时函数"是交互式文档，在"实时编辑器"中将 MATLAB 代码与格式化文本、方程和图像组合到一起，并将其显示在创建的代码右侧，其他功能与"编辑器"完全相同。打开 MATLAB 编辑器有以下 3 种方法：

　　（1）单击操作桌面工具栏上的"新建脚本"按钮或"新建"→"脚本"菜单。

　　（2）在命令行窗口输入命令"edit"，按〈Enter〉键。

　　（3）使用快捷键，按〈Ctrl+N〉键。

　　打开的编辑器如图 2-1 所示。

#### 2. 建立新的 M 文件

　　在编辑器的文档窗口输入文件内容，输入完毕后，可以直接运行该文件，也可以先保存文件。单击快捷键〈Ctrl+S〉或单击工具栏的"保存"→"保存"（或"另存为"）按钮，弹出"选择另存的文件"对话框，默认的存盘名称是 Untitled。

图 2-1 MATLAB 编辑器

**注意**：M 文件存放位置一般是 MATLAB 默认的用户工作目录，当然也可以选择其他的存放目录。

【**例 2-1**】 编写一个 M 命令文件，将变量 a，b 值互换。

首先打开文本编辑器，输入以下内容：

```
 clear      %清除工作空间变量
 clc        %清屏幕
 a= [1 3 4 7 9]        %建立 a 矩阵，并输出 a
 b= [2 4 6 8 10]       %建立 b 矩阵，并输出 b
 c=a;                  %矩阵 a 与矩阵 b 交换，设中间变量 c
 a=b;
 b=c;
 a                     %输出交换的矩阵 a
 b                     %输出交换的矩阵 b
```

在文本编辑器窗口菜单栏和工具栏的下面有 3 个区域，右侧的大区域是程序窗口，用于编写程序；最左面区域显示的是行号，每行都有数字，包括空行，行号是自动出现的，随着命令行的增加而增加；在行号和文本之间有一些小横线，这些横线只有在可执行的行上才有，而空行、注释行、函数定义行等行前面都没有，在进行程序调试时，可以直接在这些横线上单击，能够设置或去掉断点，断点是为了观察程序的运行状况而设置的暂停点。

**3. 运行 M 文件**

输入文件内容并检查后，单击〈F5〉或工具栏中的"运行"按钮，在出现的"选择要另存的文件"对话框中，输入文件名 myfile.m（以上例为例），单击"保存"按钮。如果改变存盘目录，会弹出"Matlab 编辑器"对话框，单击"更改文件夹"按钮即可。在命令行窗口中，可看到输出：

```
 a =
    1    3    4    7    9
 b =
    2    4    6    8    10
```

```
a =
    2    4    6    8    10
b =
    1    3    4    7    9
```

前两个是 a、b 的原值，后两个是交换后的 a、b 值。

**注意**：当再次运行保存过的文件时，不会出现"选择另存的文件"对话框，而直接存盘运行。

请思考：不使用变量 c，只通过两个矩阵的加、减运算，能否交换数据？

**4. 打开已有的 M 文件**

打开已有的 M 文件，也有以下 3 种方法。

1）命令按钮操作：单击工具栏的"打开"按钮，从中选择要打开的文件。

2）命令操作：在命令行窗口输入命令 edit<文件名>，回车后则打开指定的 M 文件。如果文件不在当前路径下，还需在文件名前加上路径。例如打开上例的文件，可在命令行窗口的>>提示符后输入 edit myfile. m；

3）快捷键操作：按〈Ctrl+O〉组合键，在打开的"Open"对话框中选择要打开的文件。

## 2.1.2 M 文件的调试

2.1.2
M文件的调试

在文件设计过程中，或多或少都会出现一些错误，一般可以归纳为语法错误和算法错误两种：语法错误通常是在程序输入时产生的，如函数名拼写错误、括号不匹配等问题。由于这些错误的存在，文件程序不能完成全部运行过程，会在发生错误处停止运行，并在命令行窗口显示错误提示信息，因此这些错误在运行的过程中就能够发现，可以直接调试修改；算法错误是由于解题思路不正确或对问题的理解不准确而引起的，通常在运行时不会有错误提示信息，只有发现计算结果有较大的偏差、不符合设计要求、产生了意想不到的结果等情况时，才能根据结果的差异进行分析和判断，这可能是一个比较复杂的过程，通常需要利用文本编辑器调试。

**1. 直接调试法**

1）如果在错误信息中指出了出错的行号，可先根据错误信息检查该语句是否存在语法错误或运行中变量尺寸不一致等情况。

2）检查所调用函数或命令的拼写是否正确，括号（包括方括号和圆括号）是否配对，各种流程控制语句是否匹配（如 for 与 end、while 与 end、switch 与 end 等）。

3）检查所调用的函数或载入的数据文件是否在当前目录或搜索路径上。

4）将重点怀疑的命令行后的分号删除，使得计算结果能够实时地显示在屏幕上，作为查错的依据，根据显示的结果判断问题的所在。

5）如果怀疑某个函数文件有问题，可以在该函数文件的函数定义行前加"%"，使其函数体成为命令文件（因为命令文件中的变量存储在工作空间中，可以在工作空间窗口和数组编辑器观察修改），调好后再改回函数文件。

**2. 文本编辑器的调试功能**

1）设置断点。设置断点是高级语言中程序调试的重要手段之一，断点是在程序特定位置设置的中断点，当程序运行至断点处时会暂停运行，此时可通过检查相关变量的内容等方法确定程序的运行是否正确。根据需要，可以在程序中设置一个或多个断点，设置断点后，可以控制程序按程序行逐行向后继续运行，也可以控制程序继续运行到指定的程序行。在行号和文本编辑区之间的小横线上单击鼠标就可以设置或去掉断点，设置的断点显示为红色圆点，如图 2-2 所示。

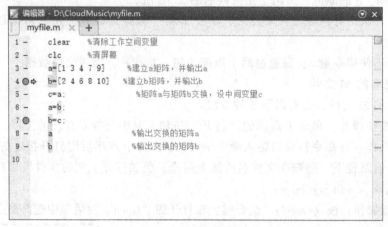

图 2-2  设置的断点

2）程序调试。设置断点后运行程序，就会停止在第一个断点处，这时可以观察断点前的程序运行结果，检查工作空间中的变量数值。工具栏中的按钮功能如下。

① 步进：单步执行。每单击一次，程序运行一次，但不进入函数。

② 步入：单步运行。遇到函数时进入函数内，仍单步运行。

③ 步出：停止单步运行。如果是在函数中，跳出函数；如果不在函数中，直接运行到下一个断点处。

④ 运行到光标处：从当前位置运行到光标所在的位置。

⑤ 继续：继续运行。

⑥ 退出调试：退出本次调试，但保留断点。

3）调试结束。在断点上单击，取消断点或单击"断点"→"取消断点"按钮。

## 2.2  程序流程语句

MATLAB 的程序流程语句主要包括选择结构和循环结构两种语句。选择结构是根据给定的条件成立或不成立，分别执行不同的语句，主要有 if 语句、switch 语句和 try 语句；循环结构是根据给定的条件来决定执行语句的次数，主要有 while 语句和 for 语句。MATLAB 的程序流程语句都以 end 为结束标志。

### 2.2.1  if 语句

MATLAB 语言中，if 语句有 3 种不同的格式。

**1. 单分支 if 语句**

最简单的选择结构语句，其基本格式为：

```
if 表达式
    语句组
end
```

说明：表达式多为关系或逻辑表达式。如果表达式为真（非零），就执行 if 和 end 之间的语句组，然后再执行 end 之后的语句；如果表达式为假（零），就直接执行 end 之后的语句。

【例 2-2】 输入一个数，如果此数小于 10 就输出这个数，否则没有输出。

```
clear
clc
n=input ('enter a number, n=');        %键盘输入一个数
if n<10
    n
end
```

单击〈F5〉键运行后激活命令行窗口，通过键盘输入数字"9"。

```
enter a number, n= 9
```

按〈Enter〉键后运行结果为：

```
n=
    9
```

再次运行 M 文件后，激活命令行窗口，通过键盘输入数字"15"。

```
enter a number, n= 15
```

按〈Enter〉键后，没有输出。

```
>>
```

## 2. 双分支 if 语句

前面提供的单分支 if 语句只能处理较简单的条件，功能不全面。为此 MATLAB 还提供了双分支 if 语句结构。其基本格式为：

```
if 表达式
    语句组 1
else
    语句组 2
end
```

说明：如果表达式为真（非零），则执行语句组 1，再执行 end 后面的语句；如果表达式为假（为零），则先执行语句组 2，再执行 end 后面的语句。

【例 2-3】 给定两个实数，按代数值的大小输出其中的大数。

```
clear
clc
a=input ('enter a number, a=');        %键盘输入数据
b=input ('enter a number, b=');
```

```
if a>b
    m=a;
else
    m=b;
end
m                          %输出最大的实数
```

单击〈F5〉键运行后激活命令行窗口，通过键盘输入数字"9"，单击〈Enter〉键后再输入数字"6"，观看运行结果为：

```
enter a number, a=9
enter a number, b=6
m =
    9
```

### 3. 多分支 if 语句

当有 3 个或更多的选择时，可采用 if 语句的嵌套，也可以采用多分支 if 语句。其基本格式为：

```
if 表达式 1
    语句组 1
    elseif 表达式 2
      语句组 2
      …
    elseif 表达式 n
      语句组 n
    else
      语句组 n+1
end
```

**说明**：先判断表达式 1 的值，若为真，则执行语句组 1，执行完语句组 1 后，跳出该选择结构，继续执行 end 后的语句；当表达式 1 的值为假时，跳过语句组 1，进而判断表达式 2，若为真，则执行语句组 2，然后继续执行 end 后的语句；如果表达式 2 的值也为假，则跳过语句组 2，继续判断表达式 3，如此下去，若所有表达式都为假，则执行 else 后的语句组 n+1，再执行 end 后的语句。else 语句可以缺省。

**【例 2-4】** 将百分制的学生成绩转化为五级制的成绩输出。

```
clear
clc
score=input ('请输入学生成绩, score=');        %从键盘输入一个学生成绩
if score>=90
    score='A'
elseif score>=80
    score='B'
elseif score>=70
    score='C'
```

```
    elseif score>=60
        score='D'
    else
        score='E'
    end
```

单击〈F5〉键运行后激活命令行窗口，通过键盘输入数字"75"，单击〈Enter〉键后观看运行结果为：

```
score =
    C
```

## 2.2.2 switch 语句

if 语句只有两个分支可供选择，如果分支较多，则嵌套的 if 语句层数多，程序冗长而且可读性降低，这种情况可使用 switch 语。switch 语句是多分支选择语句，其基本格式为：

```
switch   表达式
    case 数组 1
        语句组 1
    case 数组 2
        语句组 2
        ...
    case 数组 n
        语句组 n
    otherwise
        语句组 n+1
    end
```

**说明**：先计算表达式的值，再按顺序与 case 语句后面的数组值进行比较，如果相等则执行该组语句，然后执行 end 后的语句，不再继续比较。当表达式的值不等于任何一个 case 语句后面的数组值时，程序将执行 otherwise 语句后的语句组，再执行 end 后的语句。

**注意**：这种情况下缺省 otherwise 语句，程序会提示出错。

【例 2-5】 某商场对顾客所购买的商品实行打折销售，标准如下（商品价格用 price 来表示）：

| | |
|---|---|
| price<200 | 没有打折 |
| 200≤price<500 | 3%折扣 |
| 500≤price<1000 | 5%折扣 |
| 1000≤price<2500 | 8%折扣 |
| 2500≤price<5000 | 10%折扣 |
| 5000≤price | 14%折扣 |

输入某件商品的价格，求所售商品的实际销售价格。

```
clear
clc
```

```
price = input（'请输入商品价格 price='）
switch fix（price/100）          %fix 为向零方向取整函数，缩小商品价格的取值范围
    case {0, 1}                 %{0, 1} 为单元数组，表示 0、1 两种情况，价格在 200 元以内
        rate = 0;               %没有打折，折扣率为 0
    case {2, 3, 4}              %价格在 200~500 元
        rate = 3/100;           %折扣率为 3%
    case num2cell（5：9）        %num2cell 是数值数组转化为单元数组函数，这里
                                %相当于 case {5, 6, 7, 8, 9}
        rate = 5/100;
    case num2cell（10：24）
        rate = 8/100;
    case num2cell（25：49）
        rate = 10/100;
    otherwise
        rate = 14/100;
end
price = price *（1-rate）        %输出的实际销售价格
```

运行后激活命令行窗口，通过键盘输入数字 "2000"，观看运行结果为：

```
>>请输入商品价格 price=2000
price =
     2000
price =
     1840
```

### 2.2.3　while 语句

while 语句是条件循环语句，在条件（多为关系表达式）控制下重复执行，直到条件不成立为止。while 循环的一般形式是：

```
while 表达式
    语句体
end
```

说明：先计算表达式的值，如果非零，语句体就执行一次；执行完毕再次计算表达式的值，如果仍然非零，语句体就再执行一次；如此循环，直到表达式的值为零。如果表达式的值总是非零，该循环将无休止地进行（即死循环），程序设计时一定要避免。

【例 2-6】　求 1+2+3+…+100 的和。

```
clear
clc
i = 0;
s = 0;
while i <= 100
    s = s+i;
```

```
        i=i+1;
    end
    s
```

运行后激活命令行窗口，观看运行结果为：

```
s =
    5050
```

## 2.2.4 for 语句

for 语句为计数循环语句，在许多情况下，循环条件是有规律变化的，通常把循环条件初值、终值和变化步长放在循环语句的开头，这种形式就是 for 语句的循环结构。for 循环的一般形式如下：

```
for 循环变量名=表达式 1：表达式 2：表达式 3
    语句体
end
```

**说明**：表达式 1 的值是循环变量的初值，表达式 2 的值是循环步长，表达式 3 的值是循环变量的终值。初值、步长和终值可以取整数、小数、正数和负数，步长可以缺省，默认值为 1。

【**例 2-7**】 利用 for 语句，求解例 2-6。

```
clear
clc
s=0;
for i=1：100
    s=s+i;
end
s
```

运行后激活命令行窗口，观看运行结果为：

```
s =
    5050
```

for 语句与 while 语句的区别：已知循环次数时使用 for 语句，不知道循环次数时使用 while 语句。例如在 100 本书中找到其中一本有特殊标记的书，不知道要看多少本书才会找到，需要用 while 语句，循环的条件是找到书为止（可能看两本就找到了）；如果要在这 100 本书中挑出全部有破损的书，要用 for 循环，因为需要每本都看，即看 100 次。

## 2.2.5 循环的嵌套

如果一个循环结构的循环体又包括一个循环结构就称为循环的嵌套，或称为多重循环。任一种循环语句的循环体部分都可以包含另一个循环语句，多重循环嵌套的层数

2.2.5
循环的嵌套

可以是任意的。习惯上按照嵌套层数，分别叫作二重循环、三重循环等。处于内部的循环叫作内循环，处于外部的循环叫作外循环。在设计多重循环时，要特别注意内、外循环之间的关系，以及语句放置次序，不要搞错。

【例 2-8】 有一数列：$1^1+1^2+1^3\cdots+1^{10}+2^1+2^2+2^3+\cdots+2^{10}+3^1+3^2+3^3+\cdots+3^{10}$，求这些项的和。

```
clear
clc
s = 0;
for i = 1: 3            %外层循环，分别产生 1、2、3
    for j = 1: 10       %内层循环，分别产生 1~10
        s = s+i^j;      %求和
    end
end
s                       %输出结果
```

运行后激活命令行窗口，观看运行结果为：

```
s =
    90628
```

注意：在嵌套过程中每一个 for 都必须与其下方最近的一个 end 相匹配，否则程序将出错。

### 2.2.6 其他语句

#### 1. continue 语句

continue 语句用于控制 for 循环或 while 循环跳过某些执行语句，当出现 continue 语句时，则跳过循环体中所有剩余的语句，继续下一次循环，即结束本次循环。

【例 2-9】 输出 100~120 的能被 7 整除的整数。

```
clear
clc
for i = 100: 120
    if rem (i, 7) ~ = 0     %rem 为求余数函数，判断能否被 7 整除
    continue                %把不能被 7 整除的数去掉，判断下个数
    end
    i                       %输出能被 7 整除的数
end
```

运行后激活命令行窗口，观看运行结果为：

```
i =
    105
i =
    112
i =
    119
```

## 2. break 语句

break 语句用于终止 for 循环和 while 循环的执行。当遇到 break 语句时，则退出循环体，继续执行循环体外的下一个语句，即中止循环。在嵌套循环中，break 往往存在于内层的循环中。

【例 2-10】 输出 100~120 第一个能被 7 整除的整数。

```
clear
clc
for i=100：120
    if rem（i，7）＝＝0        %rem 为求余数函数，判断能否被 7 整除
        break                  %得到第一个数后，就中止循环
    end
end
i
```

运行后激活命令行窗口，观看运行结果为：

```
i＝
   105
```

## 3. try 语句

MATLAB 从 5.2 版开始提供了 try 语句，这是一种试探性执行语句。语句格式为：

```
try
    语句组 1
catch
    语句组 2
end
```

**说明**：先试探性执行语句组 1，如果语句组 1 在执行过程中出现错误，则将错误信息赋给保留的 lasterr 变量，并转去执行语句组 2。

【例 2-11】 矩阵乘法运算要求两矩阵的维数相容，否则会出错。先求两矩阵的乘积，若出错，则自动转去求两矩阵的点乘（数组乘法）。

```
clear
clc
A＝［1，2，3；4，5，6］;          %矩阵 A 为 2 行 3 列
B＝［7，8，9；10，11，12］;       %矩阵 B 为 2 行 3 列
try
   C＝A＊B;                      %矩阵乘法
catch
   C＝A.＊B;                     %数组乘法
end
lasterr                          %显示出错原因
C                                %程序运算结果
```

运行后激活命令行窗口，观看运行结果为：

```
ans =
Error using ⟹ mtimes
Inner matrix dimensions must agree.
C =                         %结果为数组乘法
    7     16     27
   40     55     72
```

将上例的程序改为：

```
clear
clc
A = [1, 2; 3, 4; 5, 6];          %矩阵 A 为 3 行 2 列
B = [7, 8; 9, 10; 11, 12];       %矩阵 B 为 3 行 2 列，符合矩阵乘法要求
try
   C = A * B;                    %矩阵乘法
catch
   C = A. * B;                   %数组乘法
end
lasterr
C
```

运行后激活命令行窗口，观看运行结果为：

```
C =                         %结果为矩阵乘法
    7     16
   27     40
   55     72
```

## 2.3  函数文件

2.3
函数文件

函数文件是另一种形式的 M 文件，每一个函数文件都是定义的一个函数。事实上，MATLAB 提供的标准函数大部分都是由函数文件定义的，这足以说明函数文件的重要性。从使用的角度看，函数是一个"黑箱"，把一些数据送进去，经加工处理，把结果送出来。从形式上看，函数文件区别于命令文件之处，在于命令文件的变量在文件执行完成后保留在工作空间中，而函数文件内定义的变量，只在函数文件内部起作用，当函数文件执行完后，这些内部变量将被清除。因此，在应用函数文件时，只关心函数的输入和输出。

### 2.3.1  基本结构

函数文件由关键字 function 引导，其基本结构为：

```
function [输出形参表] =函数名 (输入形参表)
    注释说明部分
    函数体语句
return
```

**说明**：以 function 开头的一行为引导行，表示该文件是一个函数文件。函数名的命名规则与变量名相同。输入形参表是函数的输入参数，可以有多个，用"逗号"来分隔；输出形参表为函数的输出参数，当输出形参只有一个时，直接输入变量名而不用方括号，多个输出形参用"逗号"来分隔。

**注意**：函数文件编辑结束后，不能像 M 文件那样单击〈F5〉键或单击"运行"按钮，而是要直接存盘。

（1）函数文件名

函数文件名通常由函数名再加上扩展名 m 组成，不过函数文件名与函数名也可以不相同。当两者不同时，MATLAB 将忽略函数名而使用函数文件名，调用函数时以函数文件名为依据。因此，最好把函数文件名和函数名统一，以免出错。

（2）注释说明

注释说明包括以下 3 部分内容。

1）紧随函数文件定义行之后，以%开头的第一行。这一行一般包括大写的函数文件名和函数功能的简要描述，供 lookfor 关键词查询和 help 在线帮助用。

2）第一行之后连续的注释行。通常包括函数输入、输出参数的含义及调用格式说明等信息，构成全部在线帮助文本。

3）与在线帮助文本相隔一个空行的注释行。包括函数文件编写和修改的信息，如作者、修改日期、版本等内容，用于软件档案管理。

（3）return 语句

如果在函数文件中插入了 return 语句，则执行到该语句就结束函数的执行，程序流程转到调用该函数的位置。通常在函数文件中缺省 return 语句，这时在被调函数执行完成后自动返回。

## 2.3.2 函数调用

函数文件编制好后，就可以调用函数进行计算了。函数调用的一般格式为：

[输出实参表] =函数名（输入实参表）

需要注意的是，函数调用时各实参出现的顺序、个数，应与函数定义时形参的顺序、个数一致，否则会出错。函数调用时，先将实参传递给相应的形参，从而实现参数传递，然后再执行函数的功能。

**【例 2-12】** 编写一个函数文件，函数文件和函数名均为 datfunction. m，对输入的两个数进行加、减运算。

打开文本编辑器或单击"新建"→"脚本"，输入以下程序：

```
function [add, mul] =datfunction （a, b）
% 这是一个计算两个数和、差的函数
add=a+b;
mul=a-b;
return
```

直接存盘后，在 MATLAB 的命令行窗口调用该函数文件：

```
>> [m, n] =datfunction (7, 5)
m =
     12
n =

     2
```

也可以通过 help 来了解该函数，例如在命令行窗口输入：help datfunction，单击〈Enter〉键后，显示："这是一个计算两个数和、差的函数。"

在 MATLAB 中，函数可以嵌套调用，即一个函数可以调用别的函数，甚至调用自身。在调用一个函数的过程中又出现直接或间接地调用该函数本身，称为函数的递归调用。

【例 2-13】 有 5 个人坐在一起，问第 5 个人多少岁，他说比第 4 个人大 2 岁；问第 4 个人岁数，他说比第 3 个人大 2 岁；问第 3 个人岁数，他说比第 2 个人大 2 岁；问第 2 个人岁数，他说比第 1 个人大 2 岁；最后问第 1 个人岁数，他说是 12 岁。求第 5 个人多大？

打开文本编辑器或单击"新建"→"脚本"，输入以下程序：

```
function c=age (n)
if n=1
    c=12;
else
    c=age (n-1) +2;
end
```

直接存盘后，在 MATLAB 的命令行窗口调用该函数文件：

```
>> hisage=age (5)
hisage =
    20
```

当函数调用完毕后，可以用 who 或 whos 查看工作空间中的变量，也可以查看工作空间窗口 (workspace)，会发现在工作空间窗口只有 hisage 一个变量存在，函数调用过程中的变量都已经释放。函数有自己的专用工作空间，函数内变量与 MATLAB 工作空间之间唯一的联系是函数的输入和输出参数。如果函数的输入参数值发生变化，其变化仅在函数内出现，不影响 MATLAB 工作空间的其他变量。函数内所创建的变量只驻留在函数的工作空间，而且只在函数执行期间临时存在，函数调用结束后就释放了。

### 2.3.3 参数的可调性

MATLAB 在函数调用上有一个与一般高级语言不同之处，就是函数所传递参数数目的可调性。凭借这一点，一个函数可完成多种功能。在调用函数时，MATLAB 用两个永久变量 nargin 和 nargout 分别记录调用函数时的输入实参和输出实参的个数。只要在函数文件中包含这两个变量，就可以准确地知道该函数文件被调用时的输入输出参数个数，从而决定函数如何进行处理。

【例 2-14】 编写一个函数文件 test，比较输入 1 个参数、2 个参数和 3 个参数时的结果。

```
function apple=test (a, b, c)
if nargin=1
```

```
    apple=a ;              %当只有一个输入实参时，返回参数 a
elseif nargin == 2
    apple=a+b ;            %当有两个输入实参时，返回参数为 a+b
elseif nargin == 3
    apple=a+b+c ;          %当有 3 个输入实参时，返回参数为 a+b+c
end
```

在命令行窗口输入以下内容：

```
>> test（4）              %调用函数，仅输入一个参数
ans =
    4
>> test（4，5）           %调用函数，输入两个参数，显示结果为 4+5
ans =
    9
>> test（4，5，6）        %调用函数，输入 3 个参数，显示结果为 4+5+6
ans =
    15
```

## 2.3.4 全局变量

由于函数文件定义的内部变量只在该函数内有效，这些变量不能直接被另一个函数文件所使用。为了解决这个问题，MATLAB 使用全局变量。全局变量的作用域是整个 MATLAB 工作空间，即全程有效，所有的函数都可以对其进行存取和修改，因此定义全局变量是函数间传递信息的一种手段。在函数文件里，全局变量的定义语句应放在变量使用之前，为了便于了解所有的全局变量，一般把全局变量的定义语句放在文件的前部。定义全局变量的方法是使用 global 函数，其格式为：

```
global 变量名
```

值得指出，在程序设计中，全局变量固然可以带来某些方便，但却破坏了函数对变量的封装，降低了程序的可读性。因而，在结构化程序设计中，全局变量是不受欢迎的。尤其当程序较大，子程序较多时，全局变量将给程序调试和维护带来不便，故不提倡使用全局变量。如果一定要用全局变量，最好起一个能反映变量含义的名字，以免和其他变量混淆，全局变量名多用大写字母，并有选择地以首次出现的 M 文件的名字开头，这样，可把多个全局变量之间不必要的互作用减至最小。

【例 2-15】建立一个函数文件 sub，比较下面两个文件的运行结果，说明全局变量的作用。函数文件如下：

```
function fun=sub（z）
    global X          %在函数 sub 内，定义全局变量 X
    X=3 * z;
    fun=X+5;
```

将 sub 文件保存后，输入文件 1：

```
global X          %定义全局变量 X
X = 2;
y = 6;
a = sub (y);
X
a
```

运行文件 1 后，激活命令行窗口，观看运行结果为：

```
X =
    18
a =
    23
```

接下来输入文件 2，内容如下：

```
clear
clc
X = 2;          %定义 X 为局部变量
y = 6;
a = sub (y);
X
a
```

运行文件 2 后激活命令行窗口，观看运行结果为：

```
X =
    2
a =
    23
```

**注意**：运行完文件 1，再运行文件 2 时，一定要在文件 2 的开头加上 clear 函数，否则结果相同，因为全局变量 X 已经在工作空间内。

## 2.4　编程技巧

### 2.4.1　测定程序执行时间

测定程序执行时间通常是使用 tic 和 toc 函数，tic 用于启动秒表，toc 用于停止秒表。

【例 2-16】　建立一个 100×100 的魔方矩阵，并测定运行时间。

```
clear
clc
tic               %开始计时
A = magic (100);  %运行程序，magic 为魔方矩阵函数
toc               %结束计时，并显示所耗时间
```

运行后在命令行窗口观察运行结果为：

Elapsed time is 0. 006427 seconds.

由于计算机的运算速度不同，所耗时间会不同。

## 2. 4. 2　程序的优化

毕竟 MATLAB 是一种解释性语言，同其他解释性语言一样，都存在着执行速度不够理想的问题。下面是一些加快 MATLAB 程序执行的方法。

（1）避免使用循环

MATLAB 的一个不足是对矩阵的单个元素进行循环操作时运算速度很慢，应尽量避免使用循环。编程时，尽量对矩阵或矢量编程，把循环矢量化，这样不仅能够缩短程序长度，而且能提高程序执行效率。在必须使用多重循环的情况下，若两个循环执行的次数不同，则应在循环的内层执行次数多的，外层执行次数少的。

（2）对大型矩阵预先定义维数

在程序执行的过程中，有时要动态改变矩阵的维数，这将非常浪费时间。为此，应在定义大矩阵时，首先用函数（如 zeros 或 ones）对矩阵定义好维数，然后再进行赋值，这样会提高程序的运行效率。

（3）优先使用内层函数

矩阵运算要首先考虑使用 MATLAB 内层函数，因为内层函数是由更底层的 C 语言构成，执行速度快于使用循环的矩阵运算。

（4）考虑接口语言

MATLAB 支持同其他语言进行编译连接，如果已经采取了相应的措施，程序执行速度仍然很慢，则应考虑使用 C 语言或 FORTRAN 语言进行编程，然后编译连接，这样能显著地提高程序的运行速度。

【例 2-17】　分别用循环和矩阵，计算 1~10000 整数的正弦值，并测定程序运行时间。

程序 1：使用循环

```
clear
clc
tic
for i=1: 10000
    y (i) = sin (i);
end
toc
```

运行后在命令行窗口观察运行结果为：

Elapsed time is 0. 005550 seconds.

程序 2：使用矩阵

```
clear
clc
tic
```

```
i = 1: 10000;
y = sin (i);
toc
```

运行后在命令行窗口观察运行结果为：

```
Elapsed time is 0.001383 seconds.
```

## 2.5 实训 MATLAB 程序设计

### 2.5.1 跟我学

【例 2-18】 计算分段函数 $y=\begin{cases} x^2 & x<1 \\ x^2-1 & 1\leqslant x<2 \\ x^2-2x+1 & x\geqslant 2 \end{cases}$ 的值。

分析：该题的分段函数表示当输入变量 $x<1$ 时，$y=x^2$；$1\leqslant x<2$ 时，$y=x^2-1$；$x\geqslant 2$ 时，$y=x^2-2x+1$。变量 $x$ 有 3 种情况需要判断，可以用多分支 if 语句实现。

```
clear
clc
x = input ('输入 x 的值 x=')
if   x<1
      y = x^2;
elseif x>=1&x<2
      y = x^2-1;
else
      y = x^2-2*x+1;
end
y
```

运行后激活命令行窗口，通过键盘输入数字 "3"，观看运行结果为：
输入 $x$ 的值 $x=3$

```
x =
    3
y =
    4
```

用笔算验证以上结果是否正确。输入 $x$ 的其他取值，并验算。

【例 2-19】 用 switch 函数将学生的百分制成绩转化成等级输出，等级分为'A'、'B'、'C'、'D'、'E'五等。90 分以上为'A'，80~89 分为'B'，70~79 分为'C'，60~69 分为'D'，60 分以下为'E'。

分析：先研究 switch 语句的用法，为缩小百分制成绩的数值分布范围，将 60 分以上的成绩按 10 分一个区间取整。

```
clear
clc
score = input ('请输入学生成绩 score = :')
switch fix (score/10)        %fix 为向零取整函数
case {10, 9}
    grade = 'A';
case 8
    grade = 'B';
case 7
    grade = 'C';
case 6
    grade = 'D';
otherwise
    grade = 'E';
end
grade
```

运行后激活命令行窗口,通过键盘输入数字"78",观看运行结果为:

```
请输入学生成绩 score = : 78        %输入 78
score =
      78
grade =
      C
```

【例 2-20】 求 $\sum\limits_{n=1}^{20} n!$ 。

分析:$n$ 的取值范围为 1~20,计算结果就是 1! +2! +3! …+20!。可以使用 for 循环语句实现,循环变量为 $n$,还需要一个临时变量实现 $n!$,再累加起来即可。

```
clear
clc
sum = 0;
temp = 1;
for n = 1: 20
    temp = temp * n;
    sum = sum+temp;
end
sum
```

运行后激活命令行窗口,观看运行结果为:

```
sum =
    2.5613e+018
```

该结果数值较大，用笔算验证太烦琐。可以将 $n$ 的取值范围缩小，再用笔算验证，例如将 for $n=1:20$ 改为 for $n=1:3$；再改为 $1:4$ 或 $1:5$。小数值的结果正确，大数值一般问题不大，主要考虑数值溢出的问题。

【例 2-21】 求一个 3×3 矩阵 $a=\begin{pmatrix} 1 & 2 & 3 \\ 4 & 5 & 6 \\ 7 & 8 & 9 \end{pmatrix}$ 对角线元素之和。

分析：该矩阵的对角元素就是 1、5、9，分别是 $a(1, 1)$、$a(2, 2)$ 和 $a(3, 3)$，特点是行下标和列下标相同，可以用 for 语句实现，循环变量取值范围为 $1:3$。

```
clear
clc
sum = 0;
a = [1 12 3; 4 5 16; 17 8 9];
for i = 1: 3
    sum = sum+a (i, i);
end
sum
```

运行后激活命令行窗口，观看运行结果为：

```
sum =
    25
```

输入其他 3×3 矩阵，计算对角元素之和，验证程序。

【例 2-22】 求 $S_n = a+aa+aaa+\cdots+aa\cdots a$ 之值，其中 $a$ 是一个数字，由键盘输入；表达式位数最多项中 $a$ 的个数，也由键盘输入。

分析：式中 $aa = a\times10+a$，$aaa = a\times10\times10+aa$，其他项也如此，可以用循环语句实现，循环变量从 1 到 "$a$ 的最多位数"，还需要一个临时变量分别实现 $a$、$aa$、$aaa$ 等。

```
clear
clc
i = 1; sn = 0; tn = 0;
a = input ('请输入 a 的数值:')
n = input ('请输入位数最多项中 a 的个数:')
while i <= n
    tn = tn+a;
    sn = sn+tn;
    a = a * 10;
    i = i+1;
end
sn
```

运行后激活命令行窗口，通过键盘输入数字 "2" 和数字 "5"，观看运行结果为：

```
请输入 a 的数值: 2        %输入 2
a =
    2
```

```
请输入位数最多项中 a 的个数：5      %输入 5
n =
    5
sn =
    24690
```

用笔算验证程序。考虑如何用 for 语句实现该程序。

【例 2-23】 输出 100~1000 的所有"水仙花数"。

分析："水仙花数"是一个 3 位数，其各位数字的立方和等于该数本身，例如 $153 = 1^3 + 5^3 + 3^3$。需要用循环语句得到 100~1000 之间的所有 3 位数，再逐个判断；把每个 3 位数的百位、十位、个位提取出来，是程序设计的关键，可以使用取整函数，例如要把 345 的百位 3 取出，可将 $345/100 = 3.45$，再将小数部分舍弃即可；取十位 4 可以用 $(345-3×100)/10 = 4.5$，再舍弃小数部分。

```
clear
clc
for n = 100：999
    a = floor (n/100);
    b = floor ((n-a * 100) /10);
    c = n-a * 100-b * 10;
    if n == (a^3+b^3+c^3)
        n
    end
end
```

运行后激活命令行窗口，观看运行结果为：

```
n =
    153
n =
    370
n =
    371
n =
    407
```

本题的"水仙花数"是 153、370、371、407，用笔算验证。

【例 2-24】 编写一个计算任意正整数阶乘的函数文件，并在命令行窗口调用。

分析：函数文件以 function 开头，可以自己定义函数名、输入形参名、输出形参名，阶乘用循环实现。

函数文件如下：

```
function mul = fact (n)
mul = 1;
for i = 1：n
```

```
    mul = mul * i;
  end
```

直接存盘后在命令行窗口调用：

```
>>a=fact（5）
a=
   120
```

### 2.5.2  自己练

1. 编写程序计算下面分段函数的值，手算验证程序。

$$y = \begin{cases} x-1 & x \geqslant 0 \\ x^2+1 & x < 0 \end{cases}$$

提示：用 if-else-end 语句实现。

2. 求下面表达式的值。

$$\sum_{k=1}^{100} k + \sum_{k=1}^{50} k^2 + \sum_{k=1}^{10} \frac{1}{k}$$

提示：用 for 循环语句分别实现 $k$、$k^2$ 和 $1/k$。

3. 编写函数文件，实现求圆的周长和面积的功能。函数文件名为 cirarea.m，输入圆的半径，输出圆的周长和面积。

4. 建立一个 4×4 阶的矩阵，编程输出最大元素的行号、列号和元素值。

提示：先假设矩阵的第 1 个元素就是最大元素 $A$，行号、列号都为 1，再用 $A$ 与矩阵的其他元素进行比较，若不大于 $A$，$A$ 不变；若大于 $A$，就用大于 $A$ 的元素更新 $A$、行号和列号。用循环嵌套遍历整个矩阵。

5. 输入 4 个整数，如 18、3、-6、9，要求按由大到小的顺序排序。

提示：先用第 1 个数 18 与其余 3 个数比较，比 18 大，就与 18 进行位置交换，保证第一个数就是最大的数；再用第 2 个数 3 与其余两个数比较，比 3 大，与 3 交换位置，依此类推。共比较 3 轮，每轮比较次数为 3、2、1 次，需要用循环嵌套。

6. 有一群鸡和兔子，加在一起头的数量是 36，脚的数量是 100，编程序解答鸡和兔子的数量各是多少？

提示：鸡的数目+兔子的数目 = 36；鸡的数目×2+兔子的数目×4 = 100。

## 2.6  习题

1. M 命令文件和 M 函数文件有哪些区别？如何建立 M 函数文件？

2. 如何调试 MATLAB 程序？如何优化 MATLAB 程序？

3. 用 if-else-end 语句实现：输入一个学生成绩，判断其成绩是否及格。"及格"和"不及格"用字符数组表示。

4. 有一个数组，包含 13、5、0.69、-12.3、56、4、-7、4.6、8.91、-4、0、12、20 共 13 个元素，编写程序分别输出其中的最大数和最小数。

5. 计算如下的分段函数：

$$f(x) = \begin{cases} 0 & x \leqslant 5 \\ \dfrac{x-3}{4} & 5 < x \leqslant 10 \\ 2x & x > 10 \end{cases}$$

6. 任意输入 10 个两位整数，输出其中小于平均值的奇数。

7. 编写一个判断任意输入正整数是否为素数的程序。提示：只能被 1 和其自身整除的数为素数。

8. 已知 $S = 1 + 2 + 2^2 + 2^3 + \cdots + 2^{63}$，求 $S$ 的值。

9. 分别用 for 和 while 循环结构编写程序，计算 $\sum\limits_{n=1}^{100} (2n-1)^2$ 的值。

10. 从键盘输入一个 4 位整数，按规则加密后输出。加密规则：每位数字都加上 7，然后用除以 10 的余数取代该整数，例如整数 5381，加密后为 2058。再编写一个解密的程序，即输入 2058，输出 5381。

11. 求下面这个数列前 20 项之和。

$$\frac{2}{1} \quad \frac{3}{2} \quad \frac{5}{3} \quad \frac{8}{5} \cdots$$

12. 猴子在第一天摘下一些桃子，当天就吃掉一半，感觉不过瘾，于是就又多吃了一个。以后每天如此，到第 6 天再想吃时，发现只剩下一个桃子了。编程计算第一天猴子摘的桃子数量（提示：利用函数的递归调用实现）。

# 第3章　MATLAB 绘图

## 本章要点

- 二维图形的绘制
- 图形的修饰与控制
- 特殊二维图形的绘制
- 三维图形的绘制

## 3.1　二维绘图

MATLAB 具有强大的图形绘制能力，用户只需提供绘图数据，指定绘图方式，即可绘出二维或三维图形。

### 3.1.1　plot 函数

MATLAB 最常用的二维绘图函数是 plot 函数，其他二维绘图函数中的绝大多数都是以 plot 为基础构造的。该函数可打开一个默认的图形窗口，将各个数据点用直线连接

3.1.1
plot函数

来绘制图形，还可以自动将数值标尺及单位标注加到两个坐标轴上。如果已经存在一个图形窗口，plot 函数将用新图形替换窗口的原有图形。plot 函数有以下几种常用形式。

**1. plot（x）**

说明：x 可以是矢量或矩阵。

- 若 x 为矢量，则绘制出一个 x 元素和 x 元素排列序号之间关系的线性坐标图。
- 若 x 为矩阵，则绘制出 x 的列矢量相对于行号的一组二维图形。

**【例 3-1】** 单矢量绘图，如图 3-1 所示。

```
clear
clc
x = [0 0.2 0.5 0.7 0.6 0.7 1.2 1.5 1.6 1.9 2.3];
plot（x）
```

**【例 3-2】** 二维矩阵绘图如图 3-2 所示。

```
clear
clc
x = [1 2 3; 7 8 9; 13 14 15];
plot（x）
```

**2. plot（x，y）**

说明：x，y 可以是矢量或矩阵。

- 当 x，y 均为矢量时，要求矢量 x 与矢量 y 的长度一致，绘制出以 x 为横坐标，y 为纵坐标的二维图形。

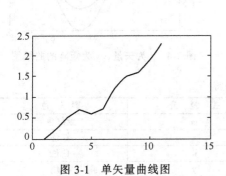

图 3-1　单矢量曲线图

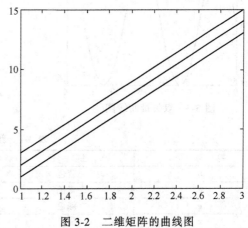

图 3-2　二维矩阵的曲线图

- 当 x 为矢量、y 为矩阵时，用不同颜色的曲线绘制出 y 行或列对于 x 的图形。y 矩阵行或列的选择取决于 x，y 的维数，若 y 为方阵或 y 矩阵的列矢量长度与 x 矢量的长度一致，则绘制出 y 矩阵各个列矢量相对于 x 的一组二维图形；若 y 矩阵行矢量长度与 x 矢量的长度一致，则绘制出 y 矩阵各个行矢量相对于 x 的一组二维图形。
- 若 x 为矩阵，y 为矢量，按类似于上条的规则处理。
- 若 x，y 是同维的矩阵，绘制出 y 列矢量相对于 x 列矢量之间的一组二维图形。

【例 3-3】　*x*，*y* 是同样长度的矢量，绘制 *y* 元素对应于 *x* 元素的曲线图，如图 3-3 所示。

```
clear
clc
x=0：0.05：4*pi;           %给出 x 矢量，步长 0.05
y=sin（x）;                %y 为 x 的正弦曲线函数
plot（x，y）
```

【例 3-4】　*x* 为矢量，*y* 是列长与 *x* 相同的矩阵，绘制 *y* 对应于 *x* 的曲线图，如图 3-4 所示。

```
clear
clc
x=0：pi/50：2*pi;
y（1，:）=sin（x）;
y（2，:）=0.3*sin（x）;
y（3，:）=0.6*sin（x）;
plot（x，y）
```

**3. plot**（x，y，'参数'）

说明：x，y 可以是矢量或矩阵，绘图方式与上例相同。参数选项为一个字符串，决定二维图形的颜色、线型及数据点的图标。表 3-1～表 3-3 分别给出颜色、线型和标记的控制字符。

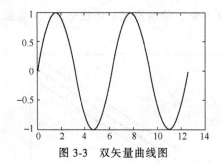

图 3-3 双矢量曲线图

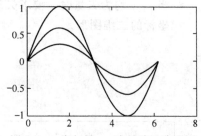

图 3-4 x 为矢量，y 为矩阵的曲线图

表 3-1 颜色控制符

| 控 制 符 | 颜 色 | 控 制 符 | 颜 色 |
|---|---|---|---|
| b | 蓝色 | m | 紫红色 |
| c | 青色 | r | 红色 |
| g | 绿色 | w | 白色 |
| k | 黑色 | y | 黄色 |

表 3-2 线型控制符

| 控 制 号 | 线 型 | 控 制 号 | 线 型 |
|---|---|---|---|
| – | 实线（默认） | : | 点连线 |
| –. | 点画线 | –– | 虚线 |

表 3-3 标记符与控制符

| 控 制 符 | 标 记 符 | 控 制 符 | 标 记 符 |
|---|---|---|---|
| . | 点 | h | 六角形 |
| + | 十字号 | p | 五角星 |
| o（字母） | 圆圈 | v（字母） | 下三角 |
| * | 星号 | ∧ | 上三角 |
| x（字母） | 叉号 | > | 右三角 |
| s | 正方形 | < | 左三角 |
| d | 菱形 | | |

**注意**：线型、颜色和标记点 3 种属性的控制符必须放在同一个字符串内，属性的先后顺序没有关系，可以只指定一个或两个，但同种属性不能同时指定两个。

【例 3-5】 用红颜色、点连线、叉号画出正弦曲线，如图 3-5 所示。

```
clear
clc
x = 0：0.2：8；
y = sin（x）；
plot（x, y,'r：x'）
```

**4. plot**（x1, y1, 参数 1', x2, y2, '参数 2', ...）

说明：可以用同一函数在同一坐标系中画多幅图形，x1, y1 确定第一条曲线的坐标值，参数 1 为第一条曲线的选项参数；x2, y2 为第二曲线的坐标值，参数 2 为第二条曲线的选项参数；其他图形以此类推。

【例 3-6】 用不同的线型在同一坐标内绘图，如图 3-6 所示。

```
clear
```

```
clc
t=0：pi/100：2*pi;
y1=sin（t）;
y2=sin（t-0.35）;
y3=sin（t-0.7）;
plot（t, y1,':', t, y2,'--', t, y3,'-'）
```

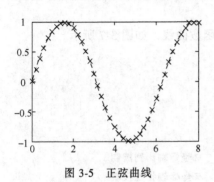

图 3-5　正弦曲线

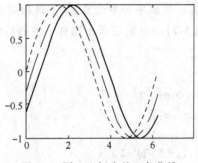

图 3-6　同一坐标内的 3 条曲线

## 3.1.2　图形修饰

MATLAB 提供了一系列图形修饰函数，用于对 plot 函数绘制的图形进行修饰和控制。

**1. 坐标轴的调整**

MATLAB 用 axis 函数对绘制图形的坐标轴进行调整。axis 函数的功能非常丰富，可用来控制坐标轴的比例和特性。

（1）坐标轴比例控制

axis（$\begin{bmatrix} x_{min} & x_{max} & y_{min} & y_{max} \end{bmatrix}$）

**说明**：将图形的 x 轴范围限定在 $\begin{bmatrix} x_{min} & x_{max} \end{bmatrix}$，y 轴的范围限定在 $\begin{bmatrix} y_{min} & y_{max} \end{bmatrix}$。MATLAB 绘制图形时，按照给定的数据值确定坐标轴参数范围。

（2）坐标轴特性控制

axis（'控制字符串'）

**说明**：控制字符串根据表 3-4 所示的功能控制图形。

表 3-4　axis 控制字符串

| 控制字符串 | 函 数 功 能 | 控制字符串 | 函 数 功 能 |
| --- | --- | --- | --- |
| auto | 自动设置坐标系（默认）：$x_{min}$ = min（x）、$x_{max}$ = max（x）、$y_{min}$ = min（y）、$y_{max}$ = max（y） | ij | 使用矩阵坐标系。即：坐标原点在左上方，x 坐标从左向右增大，y 坐标从上向下增大 |
| square | 将图形设置为正方形图形 | xy | 使用笛卡儿坐标系 |
| equal | 将图形的 x,y 坐标轴的单位刻度设置为相等 | on | 打开所有轴标注、标记和背景 |
| normal | 关闭 axis（square）和 axis（equal）函数的作用 | off | 关闭所有轴标注、标记和背景 |

（3）坐标刻度标识

```
set (gca,'xtick', 标识矢量)
set (gca,'ytick', 标识矢量)
```

**说明**：按照标识矢量设置 x，y 轴的刻度标识。

```
set (gca,'xticklabel','字符串 | 字符串 ...')
set (gca,' yticklabel ','字符串 | 字符串 ...')
```

**说明**：按照字符串设置 x，y 轴的刻度标注。

**【例 3-7】** 分别改变 $x$ 轴和 $y$ 轴的标注点绘制函数曲线，如图 3-7 所示。

```
clear
clc
x = 0：0.05：7;
y = sin (x);
plot (x, y)
axis ([0 3 * pi -2 2])                    %坐标轴比例控制
axis ('square')                           %坐标轴特性控制
set (gca,'yticklabel','-1 | -0.5 | zero | 0.5 | one')   %改变 y 轴的标注点
set (gca,'xtick', [0 1.4 3.14 5 6.28])    %改变 x 轴的标注点
```

**2. 文字标识**

有关图形的标题、坐标轴标注等图形文字标识类函数如下。

```
title ('字符串')
```

**说明**：图形标题。

```
xlabel ('字符串')
```

**说明**：x 轴标注。

```
ylabel ('字符串')
```

**说明**：y 轴标注。

```
text (x, y,'字符串')
```

**说明**：在坐标 (x, y) 处标注说明文字。

```
gtext ('字符串')
```

**说明**：在鼠标单击位置处标注说明文字。

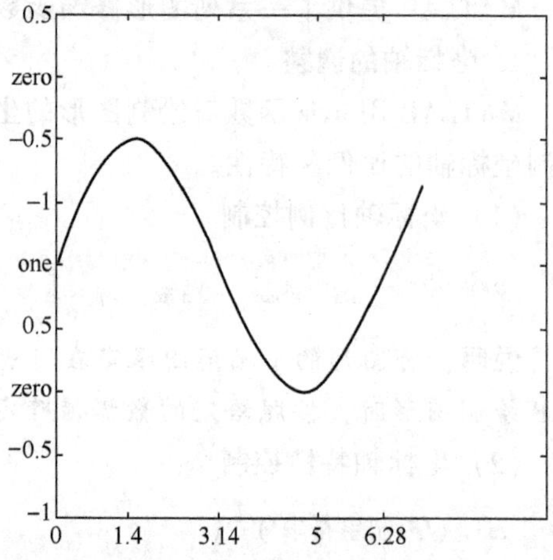

图 3-7　改变标注点的正弦曲线

若要在文字标识中包含特定的文字需要在字符串中用反斜杠（\）开头输入字符，特殊字符如表 3-5 所示。

表 3-5　特殊字符

| 输 入 字 符 | 表示的特殊字符 | 输 入 字 符 | 表示的特殊字符 |
|---|---|---|---|
| \pi | π | \leftarrow | ←（左方向箭头） |
| \alpha | α | \rightarrow | →（右方向箭头） |
| \beta | β | \bullet | ● |

**【例 3-8】** 编辑一个 M 文件，画出正弦函数图形，图形上包括坐标轴标题、图形标题并在曲线的零点处做文字标识，如图 3-8 所示。

```
clear
clc
t = 0：0.05：2 * pi;
plot（t, sin（t））
set（gca,'xtick', [0 1.4 3.14 56.28]）
xlabel（'t（deg）'）
ylabel（'magnitude（v）'）
title（'This is a example 0\ rightarrow 2\ pi'）
text（3.14, sin（3.14）,'\ leftarrow this zero for \ pi'）
```

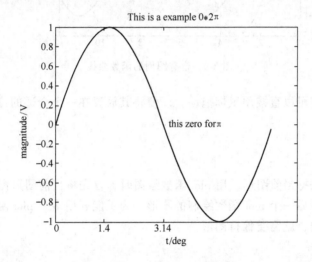

图 3-8　带有文字标识的正弦曲线

### 3. 图例注解

当在一个坐标系上画出多幅图形时，为区分各个图形，MATLAB 提供出了图例注解函数。

> legend（字符串 1，字符串 2，…，参数）

**说明：** 此函数在图中开启一个注解视窗，依据绘图的先后顺序，依次输出字符串对各个图形进行注解说明。如字符串 1 表示第一个出现的线条，字符串 2 表示第 2 个出现的线条，参数字符串确定注解视窗在图形中的位置，参数字符串的含义如表 3-6 所示。

表 3-6　参数字符串的含义

| 参数字符串 | 含　义 | 参数字符串 | 含　义 |
|---|---|---|---|
| 0 | 尽量不与数据冲突，自动放置在最佳位置 | 3 | 放置在图形的左下角 |
| 1 | 放置在图形的右上角（默认） | 4 | 放置在图形的右下角 |
| 2 | 放置在图形的左上角 | -1 | 放置在图形视窗外右边 |

**【例 3-9】** 在同一坐标内，绘出两条函数曲线并有图例注解，如图 3-9 所示。

```
clear
clc
x=0：0.2：12；
plot（x，sin（x），'-'，x，1.5*cos（x），':'）；
legend（'First'，'Second'）；        %将注解视窗放置在图形视窗外的右上方
```

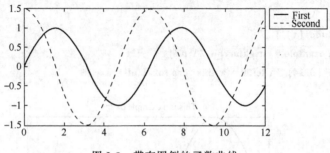

图 3-9　带有图例的函数曲线

另外，注解视窗可以直接用鼠标拖动，以便将其放置在一个合适的位置。

### 3.1.3　图形控制

**1. 图形的保持**

hold 函数用于保持当前图形。用 plot 函数绘图时，首先将当前图形窗口清屏，再绘制图形，所以只能见到最后一个 plot 函数绘制的图形。为了能利用多个 plot 函数在同一图形界面中绘制多条函数曲线，就需要保持图形。

```
hold on
```

**说明：**保持当前图形及轴系的所有特性。

```
hold off
```

**说明：**解除图形保持。

**【例 3-10】** 在同一个窗口，使用两次 plot 函数绘制出两条曲线，如图 3-10 所示。

```
clear
clc
x=0：0.2：12；
plot（x，sin（x），'-'）
hold on
plot（x，1.5*cos（x），':'）；
```

**2. 网格控制**

网格是根据坐标轴刻度标示画出的格线。画出网格，便于对曲线进行观察和分析。设置或取消网格需要使用网格控制函数，函数如下。

```
grid on
```

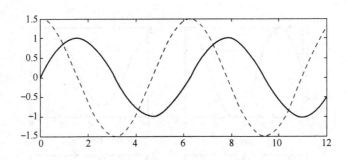

图 3-10　两次绘制的函数曲线

说明：在所画的图形中添加网格线。

grid off

说明：在所画的图形中去掉网格线。

也可以只输入函数 grid 添加网格线，再一次输入函数 grid，则取消网格线。

**3. 图形窗口的分割**

subplot 函数可以将窗口分割成几个区域，在各个区域中分别绘图。

subplot（m, n, p）

说明：将当前窗口分割成 m×n 个小区域，并指定第 p 个区域为当前的绘图区域。区域的编号原则是"先上后下，先左后右"。MATLAB 允许每个编号区域可以不同的坐标系单独绘图。n 和 p 前面的逗号可以省略。

【例 3-11】　把当前窗口分割成 4 个区域，绘制 4 条函数曲线，如图 3-11 所示。

```
clear
clc
x=0：0.05：7;
y1=sin（x）;
y2=1.5*cos（x）;
y3=sin（2*x）;
y4=5*cos（2*x）;
subplot（2, 2, 1）; plot（x, y1）; title（'sin（x）'）
subplot（2, 2, 2）; plot（x, y2）; title（'cos（x）'）
subplot（223）; plot（x, y3）; title（'sin（2x）'）
subplot（224）; plot（x, y4）; title（'cos（2x）'）
```

**4. 图形的填充**

fill 函数用于填充二维封闭多边形。

fill（x, y,'颜色参数'）

说明：在由数据所构成的多边形内，用所指定的颜色填充。如果该多边形不是封闭的，则用初始点和终点的连线将其封闭。颜色参数三维控制符同 plot 函数，如表 3-1 所示。

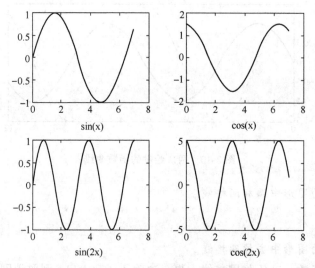

图 3-11　同一窗口的 4 条函数曲线

【例 3-12】　绘制正弦函数，并用黑色填充，如图 3-12 所示。

```
clear
clc
x=0：0.05：7；
y=sin（x）；
subplot（121）
plot（x，y）
subplot（122）
fill（x，y,'k'）
```

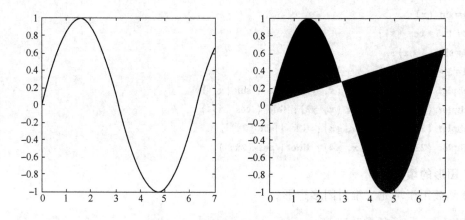

图 3-12　用黑色填充的正弦曲线

可以看到，由于该图形不是封闭的，MATLAB 用初始点和终点连线将其封闭，并填充黑色。

## 3.2 特殊二维图形绘图

### 3.2.1 特殊坐标二维图形

MATLAB 提供一些特殊坐标的二维图形函数，如 semilogx、semilogy 和 polar 函数。这些函数与 plot 函数功能类似，也可以带图形修饰和控制的参数，与 plot 函数的参数完全相同。这些绘图函数与 plot 函数的区别是将数据绘制到不同的坐标系上，如表 3-7 所示。

表 3-7  特殊坐标二维图形函数

| 函数名称 | 命令格式 | 说　　明 |
|---|---|---|
| 对数坐标图形 | semilogx(x,y,参数) | 绘制半对数坐标图形，其横轴取以 10 为底的对数坐标，纵轴为线性坐标。对 x,y 的要求与 plot 函数相同 |
| | semilogy(x,y,参数) | 绘制半对数坐标图形，其纵轴取以 10 为底的对数坐标，横轴为线性坐标。对 x,y 的要求与 plot 函数相同 |
| | loglog(x,y,参数) | 绘制坐标轴都取以 10 为底的对数坐标图形。对 x,y 的要求与 plot 函数相同 |
| 极坐标图形 | polar(theta,radius,参数) | 函数绘制相角为 theta、半径为 radius 的极坐标图形。相角为弧度制 |

【例 3-13】　对同一矢量分别绘制线性坐标图和 3 种对数坐标图，如图 3-13 所示。

```
clear
clc
y = [0, 0.55, 2.5, 6.1, 8.5, 12.1, 14.6, 17, 20, 22.1];
subplot (221); plot (y);
title ('线性坐标图');
subplot (222); semilogx (y);
title ('x 轴对数坐标图');
subplot (223); semilogy (y);
title ('y 轴对数坐标图');
subplot (224); loglog (y);
title ('双对数坐标图');
```

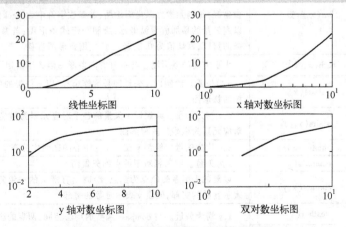

图 3-13　线性坐标图和 3 种对数坐标图

**【例 3-14】** 绘制极坐标图，如图 3-14 所示。

```
clear
clc
t=0: 0.01: 2 * pi;
r=2 * cos (2 * (t-pi/8) );
polar (t, r)
```

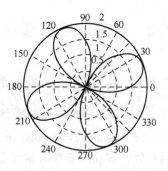

图 3-14　极坐标图

### 3.2.2　特殊二维图形

3.2.2
特殊二
维图形

　　MATLAB 支持各种类型的图形绘制，能够将数据信息准确有效地表达出来，图形类型的选择通常取决于数据特点和表现形式。在直角坐标系中，MATLAB 能够绘制的特殊二维图形主要有饼图、梯形图、条形图、概率分布图和矢量图。

- 饼图常用来表示各种因素所占的百分比，还可以把其中的几个部分突出显示；
- 梯形图用来表示系统中的采样数据；
- 条形图用来表示一些数据的对比情况，有垂直方向的条形图和水平方向的条形图两种；
- 概率分布图多用于研究随机系统的数据分布情况；
- 矢量图用于复数绘图，特殊二维图形函数如表 3-8 所示。

表 3-8　特殊二维图形函数

| 函数名称 | 命令格式 | 说　明 |
|---|---|---|
| 绘图函数 | fplot('x',[ min , max]) | x 为函数名。用来绘制给定函数 x 在区间[min , max]内的变化图形 |
| 饼图 | pie(x,参数) | 若 x 为矢量,绘制 x 的每一元素占全部矢量元素总和的百分比图形;若 x 为矩阵,绘制 x 的每一元素占全部矩阵元素总和的百分比的图形。参数表示某元素对应的扇块是否从整个饼图中分离出来,若为零,表示不分离;非零,则分离出来。参数矢量维数应与 x 相同 |
| 条形图 | bar(x,参数) | 绘制垂直方向的条形图。若 x 为矢量,则以其元素序号为横坐标,以元素为纵坐标绘制。若 x 为矩阵,同时参数字符串为 group 或默认,则以行号为横坐标,每列元素为纵坐标绘图;若参数字符串为 stack,则以列号为横坐标,以列矢量的累加值为纵坐标,绘制分组式条形图;若参数为数字,则给定线条的宽度,默认值为 0.8,若大于 1,则条形图重叠 |
| | barh(x,参数) | 水平方向的条形图。与垂直方向条形图函数用法相同 |
| 梯形图 | stairs(x) | x 为矢量。绘制以 x 矢量序号为横坐标,以 x 矢量的各个对应元素为纵坐标的梯形图 |
| | stairs(x,y) | x,y 均为矢量。绘制以 x 矢量的各个对应元素为横坐标,以 y 矢量的各个对应元素为纵坐标的梯形图 |
| 概率分布图 | hist(y,x) | x,y 均为矢量。绘制 y 在以 x 为中心的区间中分布个数的条形图 |
| 原子矢量图 | compass(x) | x 为矢量。绘制相对于原点的矢量图 |
| | compass(x,y) | 以复数坐系的原点为起点,绘制出有箭头的一组复数矢量,其中矢量 x 表示复数的实部,矢量 y 表示复数的虚部 |
| 水平矢量图 | feather(x) | x,y 均为矢量。与 compass 函数的用法相同,两者的区别是起点不同,compass 函数起始于坐标原点,feather 函数起始于矢量各元素的序号 |
| | feather(x,y) | |

**1. 绘图函数 fplot**

【例 3-15】 绘制函数 $f(x) = \cos(\tan(\pi x))$ 的曲线，自适应的函数图形如图 3-15 所示。

```
clear
clc
fplot ( ( @ cx) cos ( tan ( pi * x ) ) , [ -0.4, 1.4 ] )
```

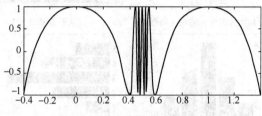

图 3-15 自适应的函数图形

fplot 函数不同于前面介绍的绘图函数，能对函数自适应采样，即能够发现并对曲线变化率大的区段进行密集采样，可以更好地反映函数的变化规律；能够对曲线变化率小的区段进行稀疏采样，可以提高绘图速度。

**2. 饼图和条形图**

饼图和条形图都常用在统计中，饼图表示各因素所占的百分比；条形图用来表示一些数据的对比情况。MATLAB 提供了两类条形图的函数：一类是垂直方向的条形图；另一类是水平方向的条形图。另外，bar3 函数可绘制三维条形图。

【例 3-16】 某次考试学生成绩优秀的占 8%、良好占 20%、中等占 36%、及格占 24%、不及格占 12%。分别用饼图、条形图表示，如图 3-16 所示。

```
clear
clc
x = [ 8 20 36 24 12 ];
subplot ( 221 ); pie ( x, [ 1 0 0 0 1 ] );
title ( '饼图' );
subplot ( 222 ); bar ( x, 'group' );
title ( '垂直条形图' );
subplot ( 223 ); bar ( x, 'stack' );
title ( '累加值为纵坐标的垂直条形图' );
subplot ( 224 ); barh ( x, 'group' );
title ( '水平条形图' );
```

在学生成绩统计的饼图中，将第 1 块（代表优秀学生数量）和第 5 块（代表不及格学生数量）分离出来突出显示。

**3. 梯形图**

梯形图可以用来表示系统中的采样数据。

【例 3-17】 用梯形图分别表示矢量和正弦函数，如图 3-17 所示。

```
clear
clc
```

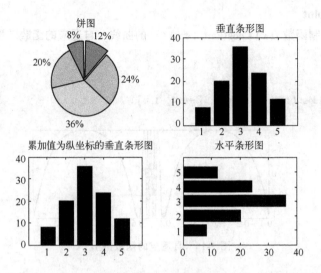

图 3-16 学生成绩统计

```
x=0：0.1：3;
y=sin (x);
subplot (121); stairs (x);
subplot (122); stairs (x, y);
```

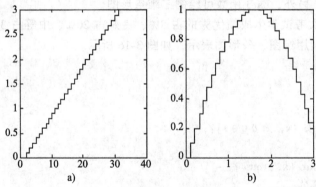

图 3-17 矢量和正弦函数图

a）矢量图 b）正弦函数图

#### 4. 概率分布图

研究随机系统时，常常用到概率分布图。

【例 3-18】 绘出 1000 个点的正态分布随机矩阵概率分布图，如图 3-18 所示。

```
clear
clc
x=randn (1, 1000);
y=-4：0.1：4;
hist (x, y)
```

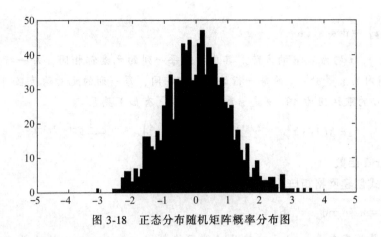

图 3-18 正态分布随机矩阵概率分布图

### 5. 矢量图

矢量图有原点矢量图和水平矢量图两种,二者的区别仅在于坐标的起点不同。矢量图可以绘制复数图形。

**【例 3-19】** 绘出复数矢量的原点矢量图和水平矢量图,如图 3-19 所示。

```
clear
clc
x = [-2+3j, 3+4j, 1-7j];
subplot (121); compass (x);
real = [-2 3 1];
imag = [3 4 -7];
subplot (122); feather (real, imag);
```

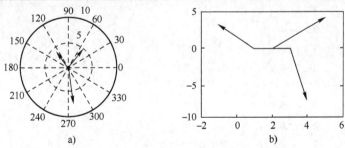

图 3-19 复数矢量的原点矢量图和水平矢量图
a) 复数矢量的原点矢量图 b) 复数矢量的水平矢量图

## 3.3 三维图形

三维绘图用于绘制立体图形,需要三维数据,才能建立三维坐标,进而绘制三维图形。

### 3.3.1 三维数据的产生

MATLAB 提供了两个用于生成三维数据的函数。

**1. peaks 函数**

用于创建双峰函数和用双峰函数绘图。

3.3.1
三维数据
的产生

```
[x, y, z] = peaks (n)
```

说明：x，y，z均为n×n的方阵。其中x的每一列的元素都相同，每一行的元素均是在 [-3，3] 区间内的n等分；y的每一行的元素都相同，每一列的元素均是在 [-3，3] 区间内的n等分；n的默认值为49。z是x和y的函数，有如下关系：

$$z = 3(1-x)^2 e^{-x^2-(y+1)^2} - 10\left(\frac{x}{5} - x^3 - y^5\right) e^{-x^2-y^2} - \frac{1}{3} e^{-(x+1)^2-y^2}$$

**2. meshgrid 函数**

按指定方式创建网格矩阵。

```
[X, Y] = meshgrid (a, b)
```

说明：将等长度矢量a，b，转换为二维网格数据，再以一组z轴的数据对应到这个二维网格，即可得到三维数据。

【例 3-20】 创建三维网格数据。

```
clear
clc
a = [1, 2, 3, 4];
b = [5, 6, 7, 8];
[X, Y] = meshgrid (a, b)
Z = X. * Y
```

程序运行结果如下：

```
X =
     1     2     3     4
     1     2     3     4
     1     2     3     4
     1     2     3     4
Y =
     5     5     5     5
     6     6     6     6
     7     7     7     7
     8     8     8     8
Z =
     5    10    15    20
     6    12    18    24
     7    14    21    28
     8    16    24    32
```

## 3.3.2 三维曲线图

MATLAB 提供了 plot3 函数绘制三维曲线图形。该函数将绘制二维图形的函数 plot 的特性扩展到了三维空间，其

3.3.2
三维曲线图

功能和使用方法类似于绘制二维图形的函数。其格式为

```
plot3 （x1, y1, z1,'参数 1', x2, y2, z2,'参数 2', ...）
```

**1. 矢量曲线图**

如果 x，y 和 z 是同样长度的矢量，则绘制出一条在三维空间贯穿的曲线。

【例 3-21】 建立并绘制一条三维曲线，如图 3-20 所示。

```
clear
clc
z＝0：pi/50：10 * pi;
x＝sin （z）;
y＝cos （z）;
plot3 （x, y, z）
```

**2. 矩阵曲线图**

如果 x，y 和 z 是 m×n 的矩阵，则绘制出 m 条三维空间曲线。

【例 3-22】 绘出多条三维空间曲线图，如图 3-21 所示。

```
clear
clc
[x, y] ＝meshgrid （ [-2: 0.1: 2]）;
z＝x. * exp （-x. ^2-y. ^2）;
plot3 （x, y, z）
```

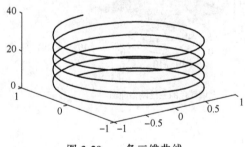

图 3-20 一条三维曲线

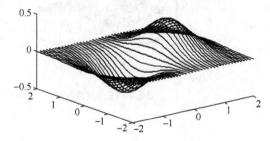

图 3-21 多条三维空间曲线图

### 3.3.3 三维曲面图形

MATLAB 还提供了一些函数，可在三维空间中绘制曲面或网格框架。三维曲面图形函数如表 3-9 所示。

3.3.3
三维曲
面图形

表 3-9 三维曲面图形函数

| 函数名称 | 命令格式 | 说　明 |
|---|---|---|
| 三维网格曲面 | mesh(x,y,z,c)<br>mesh(x,y,z)<br>mesh(z,c)<br>mesh(z) | 当 x,y 为 n×m 矩阵时，且 x 矩阵的所有行矢量相同、y 矩阵的所有列矢量相同时，mesh 函数将自动执行 meshgrid(x,y)，将 x,y 转换为三维网格数据矩阵。z 和 c 分别为 m×n 矩阵，c 表示网格曲面的颜色分布，若省略，则网格曲面的颜色亮度与 z 方向上的高度值成正比。x,y 若均为省略，则三维网格数据矩阵取值 x＝1:n,y＝1:m |

| 函 数 名 称 | 命 令 格 式 | 说　　明 |
|---|---|---|
| 带等高线的<br>三维网格曲面 | meshc(x,y,z,c)<br>meshc(x,y,z)<br>meshc(z,c)<br>meshc(z) | 绘制有等高线(XY平面)的三维网格曲面。这些函数类似于mesh函数，<br>不同的是该函数还在XY平面上绘制曲面在Z轴方向上的等高线 |
| 带底座的三<br>维网格曲面 | meshz(x,y,z,c)<br>meshz(x,y,z)<br>meshz(z,c)<br>meshz(z) | 绘制带有底座的三维网格曲面。这些函数类似mesh函数，不同的是该函<br>数还在XY平面上绘制曲面的底座 |
| 填充颜色的<br>三维网格曲面 | surf(x,y,z,c)<br>surf(x, y, z)<br>surf(z,c)<br>surf(z) | 函数mesh绘制连接三维空间的一些四边形所构成的曲面,该曲面只有四<br>边形的边用某种颜色绘出,四边形的内部是透明的。surf函数绘制的曲面也<br>由一些四边形所构成,不同的是四边形的边是黑色的,其内部用不同的颜色<br>填充 |

【例 3-23】 绘制函数 $Z = \dfrac{\sin\left(\sqrt{x^2+y^2}\right)}{\sqrt{x^2+y^2}}$ 的 4 种三维网格曲面，如图 3-22 所示。

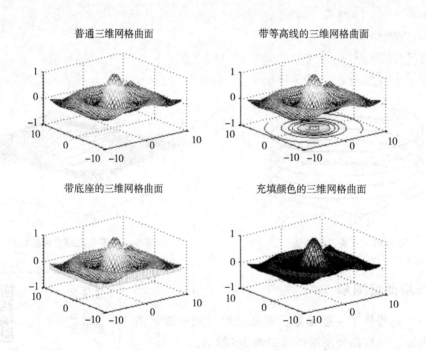

图 3-22　4 种三维网格曲面

```
clear
clc
x = -10: 0.5: 10;
y = -8: 0.5: 8;
```

```
[X, Y]=meshgrid (x, y);
Z=sin (sqrt (X.^2+Y.^2)) ./sqrt (X.^2+Y.^2);
subplot (221);
mesh (X, Y, Z);
title ('普通三维网格曲面');
subplot (222);
meshc (X, Y, Z);
title ('带等高线的三维网格曲面');
subplot (223);
meshz (X, Y, Z);
title ('带底座的三维网格曲面');
subplot (224);
surf (X, Y, Z);
title ('充填颜色的三维网格曲面')
```

## 3.4 图形交互式编辑

MATLAB 图形窗口不仅仅是一个被动的显示窗口，而且是一个可以对图形进行编辑的交互式操作界面，允许用户直接在图形上标记字符、直线或箭头，甚至可以直接绘图。

### 3.4.1 图形编辑工具

单击"新建"→"图窗"菜单，可以新建一个 MAT-LAB 图形窗口；也可以通过绘图函数打开图形窗口。例如在命令行窗口输入以下程序（也可以编辑 M 文件）：

3.4.1
图形编辑工具

```
>> t=linspace (-5, 5);        %均分函数，取 100 个点
>> y=sinc (t);
>> plot (t, y);
```

程序运行后，弹出的图形窗口如图 3-23 所示。

单击"工具"→"编辑绘图"菜单，然后单击"图形窗口"或"坐标轴"或"图形曲线"，出现表示选中的"方块"后，可用鼠标拖动编辑。"工具"菜单中的其他选项，请自己练习。

单击"查看"→"图窗工具栏"菜单，显示的图形工具按钮的主要功能如表 3-10 所示。

表 3-10  图形工具按钮

| 工具图标 | 工具名称 | 功能 | 工具图标 | 工具名称 | 功能 |
| --- | --- | --- | --- | --- | --- |
|  | 链接绘图 | 使数据图与变量编辑器相链接 |  | 插入颜色栏 | 单击该键后，在图形窗中增添色轴 |
|  | 插入图例 | 用来加入不同的图例以区分不同参数在图形上的表示 |  | 编辑绘图 | 单击该键后，用鼠标双击图形对象，便进入相应的编辑状态 |
|  | 打开属性检查器 | 可设置当前选中图形对象的属性 |  |  |  |

71

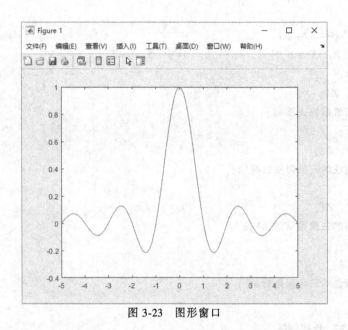

图 3-23　图形窗口

单击"查看"菜单，分别选中"照相机工具栏"和"绘图编辑工具栏"，其中"照相机工具栏"用于设置光源、视角和照相机机位等；"绘图编辑工具栏"用于绘制直线、箭头、文字等。

### 3.4.2　图形对象的属性编辑

在图形窗口中，用户能够方便地对图形窗口、坐标和线段的属性进行编辑操作，以满足用户的需要。

#### 1. 图形窗口的属性编辑

在图形窗口的空白处（不在坐标内即可）单击，图形窗口出现方块（表示选中），单击"查看"→"属性编辑器"菜单，如图 3-24 所示。

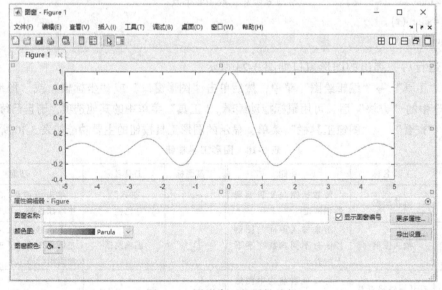

图 3-24　图形窗口的属性编辑

在图形的属性编辑器中，"图窗名称"可定义图窗的名称；"颜色图"用于定义图窗的颜色风格；"图窗颜色"用于设定图窗的背景颜色。

**2. 坐标的属性编辑**

在图形的坐标上单击，坐标上出现方块（表示选中），单击"查看"→"属性编辑器"菜单，如图 3-25 所示。

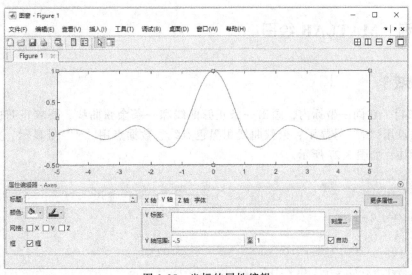

图 3-25　坐标的属性编辑

在坐标属性编辑器中，"标题"可定义图形的名称；"颜色"分别用于定义坐标内的颜色和坐标轴的颜色；"网格"用于设置 3 个坐标轴的网格；"X 轴""Y 轴"和"Z 轴"用于定义相应坐标的名称；"字体"用于定义坐标文字的字体、字号等。

**3. 线段的属性编辑**

在图形的线段上单击，线段上出现方块（表示选中），单击"查看"→"属性编辑器"菜单，如图 3-26 所示。

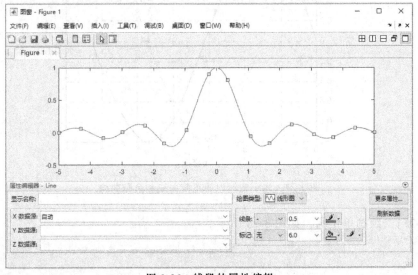

图 3-26　线段的属性编辑

在线段的属性编辑器中，"显示名称"可定义线段的句柄显示名称，单击"更多属性"按钮可以看到；"X 数据源"用于指定 X 轴的数据来源，"Y 数据源"用于指定 Y 轴的数据来源，"Z 数据源"用于指定 Z 轴的数据来源。改变数据来源后，需单击"刷新数据"按钮才能生效；"线条类型"用于选择数据的显示类型，有条形图、梯形图等；不同的数据类型有着不同的参数，但主要有线条和数据标记点等两类参数。

## 3.5 实训 MATLAB 绘图

### 3.5.1 跟我学

【例 3-24】 在同一坐标内，画出一条正弦曲线和一条余弦曲线，要求正弦曲线用红色实线，数据点用"+"号显示；余弦曲线用黑色点线、数据点用"*"号显示，并给图形加入网格和标注，如图 3-27 所示。

```
clear
clc
x = 0：pi/10：2 * pi;
y1 = sin（x）;
y2 = cos（x）;
plot（x, y1,'r+-', x, y2,'k * :'）
grid on                          %添加网格
xlabel（'X 坐标'）                %横坐标名
ylabel（'Y 坐标'）                %纵坐标名
text（1.5, 0.5,'cos（x）'）      %指定位置加标注
```

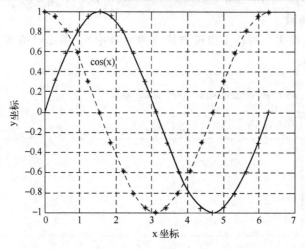

图 3-27 同一坐标内的正弦曲线和余弦曲线

【例 3-25】 绘制单位圆，如图 3-28 所示。

```
clear
clc
```

```
t = 0： 0.1： 2 * pi;
x = sin（t）;
y = cos（t）;
subplot（1, 2, 1）
plot（x, y）
grid on
title（'坐标轴比例未调整'）
subplot（122）
plot（x, y）
grid on
axis square
title（'正方形图形'）
```

【例 3-26】 使用极坐标函数绘制 $\rho = 8\sin（10\theta/3）$ 的曲线，如图 3-29 所示。

```
clear
clc
theta = 0： pi/50： 2 * pi;
rho = 8 * sin（10 * theta/3）;
polar（theta, rho）
```

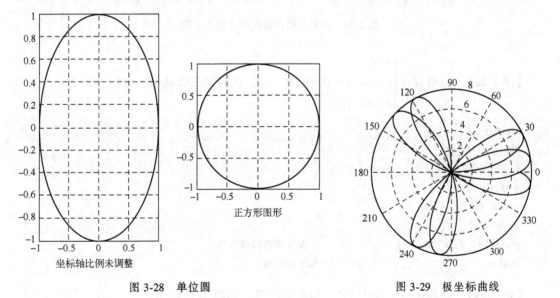

图 3-28  单位圆                         图 3-29  极坐标曲线

【例 3-27】 某商场的计算机销售如表 3-11 所示，计算机销售情况的 4 种直方图，如图 3-30 所示。

表 3-11  计算机销售一览表                （单位：台）

| 月　　份 | 四月 | 六月 | 八月 |
|---|---|---|---|
| 联想 | 18 | 24 | 15 |
| TCL | 5 | 12 | 6 |
| 同方 | 28 | 36 | 30 |
| 实达 | 17 | 14 | 9 |

```
clear
clc
y=［18，5，28，17；24，12，36，14；15，6，30，9］；
subplot（221）；bar（y）              %默认横坐标的直方图
x=［4，6，8］；
subplot（222）；bar3（x，y）          %三维直方图
subplot（223）；bar（x，y，'grouped'）
subplot（224）；bar（x，y，'stack'）
```

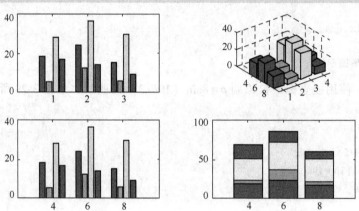

图 3-30　计算机销售情况的 4 种直方图

【例 3-28】　绘制方程 $\begin{cases} x=t \\ y=\sin(t) \\ z=\cos(t) \end{cases}$ 在 $t=［0，2\pi］$ 区间的三维曲线，如图 3-31 所示。

```
clear
clc
t=0：pi/10：2*pi；
x=t；
y=sin（t）；
z=cos（t）；
plot3（y，z，x，'m：p'）             %画三维曲线并修饰
grid on                          %添加网格
```

【例 3-29】　绘制函数 $z=xe^{(-x^2-y^2)}$ 的立体图形，如图 3-32 所示。

```
clear
clc
x1=-2：0.2：2；
y1=x1；
［x，y］=meshgrid（x1，y1）；        %生成二维网格数据
z=x.*exp（-x.^2-y.^2）；
mesh（x，y，z）
```

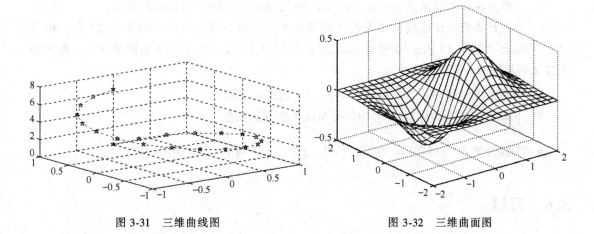

图 3-31　三维曲线图　　　　　　　　　　　图 3-32　三维曲面图

【例 3-30】　绘制方程 $Z = \sqrt{4 - \dfrac{x^2}{9} - \dfrac{y^2}{4}}$ 在 $x = [-2, 2]$，$y = [-1, 1]$ 区间的图形，如图 3-33 所示。

```
clear
clc
x=-2:0.4:2;
y=-1:0.2:1;
[x, y]=meshgrid (x, y);            %生成二维数据
z=sqrt (4-x.^2/9-y.^2/4);
surf (x, y, z)
grid on
```

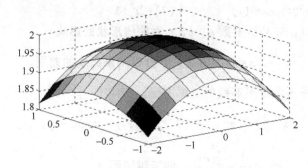

图 3-33　椭圆形着色表面图

图3-33
椭圆形着色
表面图

## 3.5.2　自己练

1. 把当前窗口分成 4 个区域，用不同的颜色和线条分别绘制 $\sin (x)$、$\cos (x)$、$e^x$、$\log (x)$ 的函数图形，并加入文字标识和网格。

2. 画出函数 $y = x^2$ 的曲线，并在相同区间添加函数 $y = \sqrt[3]{x}$ 曲线，要求用不同的修饰方式。

3. 绘图表示 5×5 魔方矩阵的元素分布情况。

4. 在极坐标中绘制函数 $\rho = \cos(\theta)\sin(\theta)$，$\theta \in [0, 2\pi]$ 区间的曲线图。

5. 某班计算机考试成绩，90 分以上的同学 8 人，80 分以上至 90 分的同学 25 人，70 分以上至 80 分的同学 15 人，60 分以上至 70 分的同学 12 人，60 分以下的同学 9 人，画出饼图并让不及格的人数突出显示。

6. 用梯形图绘制 $y = e^{-x^2}$，在 $x = [-3, 3]$ 区间的图形。

7. 用概率分布图绘制 1000 个均匀分布随机矩阵的图形。

8. 绘制方程 $f = \sqrt{5 - \dfrac{x^3}{3} - \dfrac{y^2}{7}}$ 在 $x = [-2, 2]$，$y = [-1, 1]$ 区间的图形。

## 3.6  习题

1. 选择合适的步长绘制出下列函数的图形。

(1) $\ln\dfrac{1-x}{1+x}$，$x \in (-1, 1)$ 　　　　　　(2) $\sqrt{\cos x}$，$x \in \left[ -\dfrac{\pi}{2}, \dfrac{\pi}{2} \right]$

(3) $\sin\left(\dfrac{1}{t}\right)$，$t \in (-1, 0) \cup (0, 1)$

(4) $\dfrac{\sin(x)}{x}$，$x \in (-0.5, 0) \cup (0, 0.5)$

2. 在同一坐标下绘制函数 $x$，$x^2$，$-x^2$，$x\sin(x)$ 在 $x \in (0, \pi)$ 的曲线。

3. 绘制如下函数的图形 $y = \begin{cases} x, & x \in (-10, 1) \\ x^2, & x \in [1, 4] \\ 2^x, & x \in (4, 10) \end{cases}$

4. 在极坐标系中绘制下列函数的曲线。

(1) $\cos^3(t) - 1$ 　　　　(2) $\cos(t)\sin(t)$ 　　　　(3) $2t^2 + 1$

5. 绘制极坐标曲线 $\rho = a\sin(b + n\theta)$，并分析参数 $a$，$b$，$n$ 对曲线形状的影响。

6. 分别用 plot 和 fplot 函数绘制 $y = \sin\dfrac{1}{x}$，$x \neq 0$ 的曲线，并分析两条曲线的差别。

7. 绘制下列函数的带底座的三维图形和带等高线的三维图形。

(1) $f(x, y) = \dfrac{x^2}{a^2} + \dfrac{y^2}{b^2}$ 　　　(2) $f(x, y) = xy$ 　　　(3) $f(x, y) = \sin(xy)$

8. 绘制二维正态分布密度函数 $f(x, y) = \dfrac{1}{2\pi} e^{-\frac{1}{2}(x^2 + y^2)}$ 的三维图形。

9. 用不同的线型和颜色在同一坐标内绘制曲线 $y_1 = 2e^{-0.5x}$、$y_2 = \sin(2\pi x)$ 的图形。

10. 绘制方程 $f = \dfrac{y}{1 + x^2 + y^2}$ 在 $x = [-2, 2]$，$y = [-1, 1]$ 区间的图形。

# 第4章 MATLAB 符号计算

**本章要点**

- 符号计算的基本函数
- 符号微积分
- 符号方程求解

## 4.1 符号函数的计算

4.1.1
符号变量和
符号矩阵

### 4.1.1 符号变量和符号矩阵

MATLAB 符号数学工具箱提供了 sym 和 syms 两个符号
函数，分别用来创建符号变量和符号矩阵。

符号变量名=sym（'表达式'）

**说明**：创建一个符号变量。表达式可以是变量、字符、字符串、数学表达式或字符表达
式等。

syms 变量名 1　变量名 2　变量名 3　……

**说明**：一次创建多个符号变量。

**【例 4-1】** 创建符号变量。

```
>> clear
>> a=sym ('matlab')
a =
    matlab
>> b=sym ('x')
b =
    x
>> e= [1 3 5; 2 4 6; 7 9 11];      %建立数值矩阵
>> m=sym (e)                        %创建符号矩阵
m =
    [  1, 3, 5]
    [  2, 4, 6]
    [  7, 9, 11]
```

**【例 4-2】** 创建符号变量和符号矩阵。

```
>> clear
```

```
>> syms A B C
>> syms a b c d
>> n= [a b c d; b c d a; c d a b; d a c b]
n =
    [ a, b, c, d]
    [ b, c, d, a]
    [ c, d, a, b]
    [ d, a, c, b]
```

在命令行窗口中，数值矩阵只显示元素的数值，而符号矩阵的每行元素放在一对方括号内；在工作空间窗口显示的变量图标两者也不同，数值矩阵的图标为 田，符号矩阵（也称为符号对象）的图标为 回，二者很容易区分。

### 4.1.2 常用函数

符号运算与普通数值运算的方式不同，符号运算结果是符号表达式或符号矩阵。在 MATLAB 运算中，浮点运算速度最快，而符号运算占用时间和内存都比较多，但运算结果最精确。在默认情况下，当生成符号变量后，利用符号工具箱中提供的函数进行符号运算。

**1. 算术运算**

符号表达式的算术运算可直接通过算术运算符运算。

【例 4-3】 计算表达式 $x^3-1$ 与表达式 $x-1$ 的和、差、积、商和乘方。

```
>> clear
>> syms x
>> s1 = x^3-1;
>> s2 = x-1;
>> s1+s2
  ans =
       x^3-2+x
  >>s1-s2
   ans =
       x^3-x
  >>s1 * s2
   ans =
       (x^3-1) * (x-1)
  >> s1/s2
   ans =
       (x^3-1)/(x-1)
  >> s1^s2
   ans =
       (x^3-1)^(x-1)
```

### 2. 常用函数

符号数学工具箱提供了符号表达式的因式分解、展开、合并、化简和通分等函数，常用函数如表 4-1 所示。

表 4-1 常用函数

| 函 数 格 式 | 说 明 | 函 数 格 式 | 说 明 |
|---|---|---|---|
| collect(s,x) | 合并自变量 x 的同幂系数 | simple(s) | 寻找表达式的最简型 |
| expand(s) | 符号表达式 s 的展开 | simplify(s) | 符号表达式的化简 |
| factor(s) | 因式分解 | radsimp(s) | 对含根式的表达式 s 化简 |
| numden(s) | 符号表达式 s 的分式通分 | horner(s) | 符号表达式 s 的嵌套形式 |

【例 4-4】 对表达式 $f = x^3 - 1$ 进行因式分解。

```
>> clear
>> syms x                %创建符号变量 x
>> f=factor (x^3-1)
f =
[ x - 1, x^2 + x + 1]
```

【例 4-5】 展开三角表达式 sin（a+b）。

```
>> clear
>> syms a b              %创建符号变量 a，b
>>s= sin (a+b) ;
>> expand (s)
ans =
    cos (a) * sin (b) + cos (b) * sin (a)
```

【例 4-6】 对表达式 $f = x(x(x-8)+6)t$，分别将自变量 $x$ 和 $t$ 的同类项合并。

```
>> clear
>> syms x t                  %创建符号变量 x,t
>> f=x * (x * (x-8) +6) * t;
>> collect(f)                %按默认的变量 x 合并
ans =
    t * x^3-8 * t * x^2+6 * t * x
>> collect (f, t)            %按变量 t 合并
ans =
    x * (x * (x-8) +6) * t
```

【例 4-7】 化简表达式 $f = \sin^2(x) + \cos^2(x)$。

```
>> clear
>> syms x
>> f=sin(x)^2+cos(x)^2;
>> simplify(f)
ans =
    1
```

【例 4-8】 化简分式$(4x^2+8x+3)/(2x+1)$。

```
>> clear
>> syms x
>> s=(4*x^2+8*x+3)/(2*x+1);
>> simplify(s)
ans =

    2*x+3
```

【例 4-9】 对表达式$f=\dfrac{x}{y}-\dfrac{y}{x}$进行通分。

```
>> clear
>> syms x y
>> f=x/y-y/x;
>> [m,n]=numden(f)          %m 为分子,n 为分母
 m =

    x^2-y^2
 n =

    y*x
```

【例 4-10】 对表达式$f=x^4+3x^3-7x^2+12$进行嵌套形式重写。

```
>> clear
>> syms x
>> f=x^4+3*x^3-7*x^2+12;
>> horner(f)
ans =

    x^2*(x*(x+3)-7)+12
```

## 4.1.3 可视化符号函数计算器

4.1.3
可视化符号函数
计算器

MATLAB 符号数学工具箱中还提供了一个可视化符号函数计算器,具有功能简单实用,操作方便的优点,由于具有可视化界面,为用户提供了直观的函数计算工具。在 MATLAB 的命令窗口输入 funtool,即可启动可视化符号函数计算器,其界面如图 4-1 所示。

可视化符号函数计算器由 3 个独立的窗口组成,分别为两个图形窗口和一个函数功能的控制窗口。左上图形窗口是函数 f 的显示窗口,右上图形窗口是函数 g 的显示窗口。下面介绍可视化符号计算器的使用。

(1) 输入框

在控制窗口的上方有 4 个输入框,用户可以在输入框中输入函数,4 个输入框分别为:

- f= 为图形窗口 f 的控制函数,其默认值为 x;
- g= 为图形窗口 g 的控制函数,其默认值为 1;
- x= 为两窗口函数自变量取值范围,默认为 $[-2\pi, 2\pi]$;

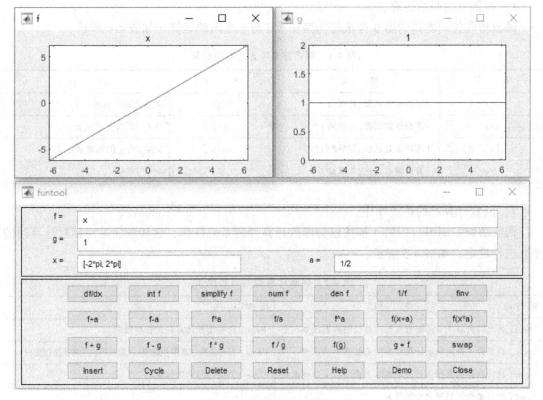

图 4-1　可视化符号函数计算器

● a= 为常数的值，默认为 1/2。

（2）计算器的功能

1）函数的自运算。

函数功能控制窗口的第一排按钮为函数的自运算，如表 4-2 所示。

表 4-2　函数的自运算

| 函　　数 | 功　　能 | 函　　数 | 功　　能 |
|---|---|---|---|
| df/dx | 计算函数 f 对 x 的导数，并赋给 f | den f | 取表达式 f 的分母，并赋给 f |
| int f | 计算函数 f 的积分函数，并赋给 f | 1/f | 求 f 的倒数函数，并赋给 f |
| simple f | 计算函数 f 的最简表达式，并赋给 f | finv | 求 f 的反函数，并赋给 f |
| num f | 取表达式 f 的分子，并赋给 f | | |

2）函数与常数的运算。

函数功能控制窗口的第 2 排按钮为函数与常数之间的运算，如表 4-3 所示。

表 4-3　函数与常数之间的运算

| 函　　数 | 功　　能 | 函　　数 | 功　　能 |
|---|---|---|---|
| f+a | 计算 f(x)+a，并赋给 f | f^a | 计算 f(x) 的 a 次幂，并赋给 f |
| f-a | 计算 f(x)-a，并赋给 f | f(x+a) | 计算 f(x+a)，并赋给 f |
| f * a | 计算 f(x) * a，并赋给 f | f(x * a) | 计算 f(a * x)，并赋给 f |
| f/a | 计算 f(x)/a，并赋给 f | | |

3）两函数之间的运算。

函数功能控制窗口的第 3 排按钮为两函数 f 与 g 之间的运算，如表 4-4 所示。

**表 4-4　两函数 f 与 g 之间的运算**

| 运　算 | 功　能 | 运　算 | 功　能 |
|---|---|---|---|
| f+g | 计算两函数之和，并赋给 f | f(g) | 求复合函数 f(g(x)) |
| f-g | 计算两函数之差，赋给 f | g=f | 将 f 的函数值赋给 g |
| f*g | 计算两函数之积，并赋给 f | swap | 交换 f 与 g 的函数表达式 |
| f/g | 计算两函数之比，并赋给 f | | |

4）函数计算器的系统操作。

函数功能控制窗口的第 4 排按钮为函数计算器的系统操作，这些按钮是对函数计算器的参数进行设定，如表 4-5 所示。

**表 4-5　函数计算器的系统操作**

| 操作 | 功　能 | 操作 | 功　能 |
|---|---|---|---|
| Insert | 将当前窗口 1 中的函数加到计算器的典型函数表中 | Help | 符号函数计算器的在线帮助 |
| Cycle | 在窗口 1 依次演示计算器典型函数表中的函数 | Demo | 符号函数计算器功能演示(演示中相应功能按钮变白) |
| Delete | 从计算器的典型函数表中删除当前窗口 1 中的函数 | Close | 关闭符号函数计算器 |
| Reset | 符号函数计算器的功能重置 | | |

# 4.2　符号微积分

## 4.2.1　符号极限

极限是微积分的基础，在 MATLAB 中，极限的求解是由 limit 函数实现的，符号极限的函数格式如表 4-6 所示。

**表 4-6　符号极限的函数格式**

| 函数格式 | 说　明 |
|---|---|
| limit(s) | s 为符号表达。在系统默认表达式中的自变量趋向于 0 时的极限 |
| limit(s,a) | a 为常数。计算符号表达式 s 由默认自变量趋向于 a 条件下的极限 |
| limit(s,x,a) | 计算符号表达式 s 在 x 趋向于 a 条件下的极限 |
| limit(s,x,a,'right') | 计算符号表达式 s 在 x 趋向于 a 条件下的右极限 |
| limit(s,x,a,'left') | 计算符号表达式 s 在 x 趋向于 a 条件下的左极限 |

【例 4-11】　分别计算表达式 $\lim\limits_{x\to 0_+}\dfrac{1}{x}$、$\lim\limits_{x\to 0_-}\dfrac{1}{x}$、$\lim\limits_{x\to 0}\dfrac{\sin(x)}{x}$、$\lim\limits_{x\to\infty}\left(1+\dfrac{1}{x}\right)^x$ 和 $\lim\limits_{x\to 0_-}e^{-x}$。

先在命令行窗口创建符号变量 a 和 x，再分别计算上面各表达式的极限。

```
>>clear
>> syms x a;
>> limit (1/x, x, 0,'right')
ans =
      inf
>> limit (1/x, x, 0,'left')
ans =
      -inf
>> limit (sin (x) /x)
ans =
      1
>> limit ( (1+1/x)^x, x, inf,'left')
ans =
      exp (1)
>> limit (exp (-x), x, 0,'left')
ans =
      1
```

### 4.2.2 符号求导

在符号数学工具箱中，表达式的导数由函数 diff 实现。

```
diff (s, x, n)
```

**说明**：其中 s 为符号表达式，x 为自变量，n 为求导的阶数。

x 和 n 都可默认。默认 x 时，自变量为系统默认；默认 n 时，为求一阶导数。若表达式中只有一个变量，该变量就是系统默认的自变量；若表达式中有多个变量，就选择在字母顺序表中最接近 x 的字母作为自变量。

**【例 4-12】** 分别计算表达式 $x^5$ 的一阶导数和三阶导数。

```
>> clear
>> syms x
>> diff (x^5)
ans =
      5 * x^4
>> diff (x^5, 3)
ans =
      60 * x^2
```

### 4.2.3 符号积分

积分算法是较复杂的，虽然许多函数的原函数存在，但不能用解析表达式表示，即使可以积分的函数，其求解积分的过程也很复杂，但利用 MATLAB 求解积分就非常容易了。在

MATLAB 的符号数学工具箱中，积分由函数 int 实现，该函数可求不定积分和定积分，符号积分的函数格式如表 4-7 所示。

表 4-7　符号积分的函数格式

| 函 数 格 式 | 说　　明 | 函 数 格 式 | 说　　明 |
|---|---|---|---|
| int(s) | 符号表达式 s 对于默认自变量的不定积分 | int(s,x) | 符号表达式 s 对于自变量 x 的不定积分 |
| int(s,a,b) | 符号表达式 s 对于默认自变量从 a 到 b 的定积分 | int(s,x,a,b) | 符号表达式 s 对于自变量 x 从 a 到 b 的定积分 |

【例 4-13】　分别计算下列表达式的积分。

(1) $\int (4-3x^2)^2 \mathrm{d}x$　(2) $\int \dfrac{x}{x+y}\mathrm{d}x$　(3) $\int \dfrac{x}{x+y}\mathrm{d}y$　(4) $\int_1^3 \dfrac{x^2}{x+2}\mathrm{d}x$

在命令窗口创建符号变量 x 和 y，分别计算上面各表达式的积分。

```
>> clear
>> syms x y
>> s= (4−3 * x^2)^2;
>> int (s)
ans =
        (x * (9 * x∧4−40 * x∧2+80))/5
>> int(x/ (x+y), x)
ans =
        x−y * log (x+y)
>> int (x/(x+y), y)
ans =
        X * log (x+y)
>> int (x^2/ (x+2), x, 1, 3)
ans =
        log (625/81)
>> double (ans)            %将表达式转换成数值
ans =
        2.0433
```

## 4.3　符号方程求解

### 4.3.1　代数方程

代数方程是指未涉及微积分运算的方程，相对比较简单。在 MATLAB 符号数学工具箱中，求解用符号表达式表示的代数方程可由函数 solve 实现，符号方程的函数如表 4-8 所示。

表 4-8　符号方程的函数

| 函 数 格 式 | 说　　明 |
|---|---|
| solve(s) | 求解符号表达式 s=0 的代数方程，自变量为默认自变量 |
| solve(s,x) | 求解符号表达式 s=0 的代数方程，自变量为 x |
| solve(s1,s2,…,sn,x1,x2,…,xn) | 求解由符号表达式 s1,s2,…,sn 组成的代数方程组，自变量分别为 x1,x2,…,xn |

【例 4-14】　求解代数方程 $ax^2+bx+c=0$。

在命令行窗口创建符号变量 a、b、c 和 x。

```
>> clear
>> syms  a  b  c  x
>> s=a*x^2+b*x+c;
>> solve (s)
ans =
    -(b+(b∧2-4*a*c)∧(1/2))/(2*a)
    -(b-(b∧2-4*a*c)∧(1/2))/(2*a)
```

【例 4-15】 求解代数方程组：

$$\begin{cases} 2x^2+y^2-3z=4 \\ y+z=3 \\ x-2y=3z \end{cases}$$

在命令行窗口创建符号变量 x、y、z，求解方程组。

```
>> clear
>> syms x y z
>> s1=2*x^2+y^2-3*z-4;
>> s2=y+z-3;
>> s3=x-2*y-3*z;
>> [x, y, z] =solve (s1, s2, s3)
x =
    7/2-(699∧(1/2)*1i)/6
    (699∧(1/2)*1i)/6+7/2
y =
    (699∧(1/2)*1i)/6+11/2
    11/2-(699∧(1/2)*1i)/6
z =
    -(699∧(1/2)*1i)/6-5/2
    (699∧(1/2)*1i)/6-5/2
```

## 4.3.2 微分方程

在 MATLAB 中，用大写字母 D 来表示函数的导数。例如：Dy 表示 $y'$，D2y 表示 $y''$。D2y+Dy+x-10=0 表示微分方程 $y''+y'+x-10=0$。Dy (0) = 3 表示 $y'$ (0) = 3。在符号数学工具箱中，求解表达式微分方程的符号解由函数 dsolve 实现，其调用格式为：

$r$=dsolve ('eq','cond','var')

**说明**：式中 eq 代表常微分方程，cond 代表常微分方程的边界条件或初始条件，var 代表自变量，缺省时取系统默认的自变量，该函数可求解微分方程的特解。

$r$=dsolve ('eq1','eq2', ...,'eqN','cond1','cond2', ...,'condN','var1', ...,'varN')

**说明**：该函数求解由 eq1，eq2，... 指定的常微分方程组在条件 cond1，cond2，...，condN 下的符号解，若不给出初始条件，则求方程组的通解。var1，...，varN 为求解变量，缺省时则取系统默认的自变量。

【例 4-16】 求微分方程 $\dfrac{dy}{dt}=\dfrac{t^2+y^2}{2t^2}$ 的通解。

在命令行窗口分别输入表达式，求解方程。

```
>> clear
>> y=dsolve（'Dy-（t^2+y^2）/t^2/2','t'）          %方程右端的零可以不写
y =
      t＊（-log（t）+2+C1)/（-log（t）+C1)            %通解
```

【例 4-17】 求微分方程 $\dfrac{dy}{dx}=2xy^2$ 的通解和当 $y（0）=1$ 时的特解。

在命令行窗口输入表达式，求解方程。

```
>> clear
>> y=dsolve（'Dy=2＊x＊y^2','x'）                %求通解
y =
      -1/（x^2-C1)
y=
             0
      -1/（x∧2+C7)
>> y=dsolve（'Dy=2＊x＊y^2','y（0）=1','x'）        %求特解
y =
      -1/（x^2-1)
```

【例 4-18】 求微分方程 $\begin{cases}\dfrac{dx}{dt}=4x-2y\\[2mm]\dfrac{dy}{dt}=2x-y\end{cases}$ 的通解。

```
>> clear
>>［x，y］=dsolve（'Dx=4＊x-2＊y','Dy=2＊x-y','t'）
x =
      -1/3＊C1+4/3＊C1＊exp（3＊t）-2/3＊C2＊exp（3＊t）+2/3＊C2
y =
      2/3＊C1＊exp（3＊t）-2/3＊C1+4/3＊C2-1/3＊C2＊exp（3＊t）
```

# 4.4 级数

## 4.4.1 级数的符号求和

数值级数和函数级数是高等数学的重点研究内容，也是物理学以及其他工程技术学科的重要理论基础和分析工具。在 MATLAB 符号数学工具中，级数表达式的求和由函数 symsum

实现，其调用格式如表 4-9 所示。

【例 4-19】 分别计算表达式 $\sum k$、$\sum_{0}^{10} (k^2 - 3)$、$\sum_{k=1}^{\infty} \dfrac{x^k}{k}$。

**表 4-9　级数求和函数**

| 函 数 格 式 | 说　明 | 函 数 格 式 | 说　明 |
|---|---|---|---|
| symsum(s) | 计算符号表达式 s(表示级数的通项)对于默认自变量的不定和 | symsum(s,a,b) | 计算符号表达式 s 对于默认自变量从 a 到 b 的有限和 |
| symsum(s,x) | 计算符号表达式 s 对于自变量 x 的不定和 | symsum(s,x,a,b) | 计算符号表达式 s 对于自变量 x 从 a 到 b 的有限和 |

在命令行窗口创建符号变量 $k$ 和 $x$，分别计算上面各表达式。

```
>> clear
>> syms x k
>> symsum (k)
ans =
    k∧2/2-k/2
>> symsum (k^2-3, 0, 10)
ans =
    352
>> symsum (x^k/k, k, 1, inf)
ans =
    -log (1-x)
```

### 4.4.2　函数的泰勒级数

泰勒级数可以将一个函数表示为一个幂级数。在许多情况下，只需要取幂级数的前有限几项来表示该函数，这对于大多数工程应用问题来说，精度已经足够。在 MATLAB 符号数学工具中，表达式的 Taylor 级数展开由函数 taylor 实现，泰勒级数函数格式如表 4-10 所示。

**表 4-10　泰勒级数函数格式**

| 函 数 格 式 | 说　明 | 函 数 格 式 | 说　明 |
|---|---|---|---|
| taylor(s) | 计算符号表达式 s 在默认自变量等于 0 处的 5 阶 Taylor 级数展开式 | taylor(s,n,a) | 计算符号表达式 s 在默认自变量等于 a 处的 n-1 阶 Taylor 级数展开式 |
| taylor(s,n) | 计算符号表达式 s 在默认自变量等于 0 处的 n-1 阶 Taylor 级数展开式 | taylor(s,x,n,a) | 计算符号表达式 s 在自变量 x 等于 a 处的 n-1 阶 Taylor 级数展开式 |

【例 4-20】 分别计算表达式 $\dfrac{1-x+x^2}{1+x+x^2}$ 的 5 阶泰勒级数展开式。

在命令行窗口创建符号变量，分别计算上面各表达式。

```
>> clear
>> syms x
>> s= (1-x+x^2) / (1+x+x^2);
>> taylor (s)
ans =
    2*x∧5-2*x∧4+2*x∧2-2*x+1
```

## 4.5  符号计算结果的绘图

将符号计算的结果绘制成图形有两个途径：一个是根据获得的符号表达式或符号数值转换成数值数据，再利用数值绘图函数绘制成图形；另一个是利用符号绘图函数直接绘图。数值绘图函数与符号绘图函数相比，对绘图对象的操控能力更强，但符号绘图函数绘图更简单方便。

### 4.5.1  数值化绘图

符号计算结果的数值化绘图需要先把符号计算结果数值化，再利用数值绘图函数绘制成图形。

【例 4-21】 利用符号函数求函数 $f(x) = 2 - \dfrac{3}{1+e^x}$，从 0 到变量 $x$ 的积分，再绘制其函数及其积分函数的图形。

```
clear
clc
syms x
fx = 2-3/（1+exp（x））;              %函数的符号表达式
fxint = int（fx，x，0，x）            %积分并显示结果
xk = 0：0.1：5;                      %指定绘图区间及采样间距
fxk = subs（fx，x，xk）;             %获得原函数的数值数组
fxintk = subs（fxint，x，xk）;       %获得积分函数的数值数组
plot（xk，fxk,'g'，xk，fxintk,'r'）   %分别使用绿色实线和红色虚线绘制
title（'原函数及其积分函数'）
xlabel（'x'）
legend（'f（x）','\ int^x_ 0 f（x）dx'，0） %将图例自动放在最佳位置
```

程序运行结果如图 4-2 所示。

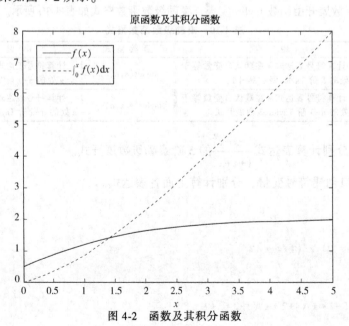

图 4-2  函数及其积分函数

## 4.5.2 直接绘图

MATLAB 的符号绘图函数有个共同特点，就是函数名称都是以 ez 这两个字符开头，其含义为 Easy（容易）。常用的符号绘图函数如表 4-11 所示。

4.5.2
直接绘图

表 4-11  常用的符号绘图函数

| 函数名称 | 函数格式 | 说　　明 |
|---|---|---|
| ezplot | ezplot(Fx) | 绘制表达式 f(x) 的二维图形, 横轴坐标的取值范围为 $[-2\pi\ 2\pi]$ |
| | ezplot(Fx,[xmin,xmax]) | 横轴坐标的取值范围为 [xmin,xmax] |
| | ezplot(Fx,[xmin,xmax,ymin,ymax]) | 横轴坐标的取值范围为 [xmin,xmax], 纵轴坐标的取值范围为 [ymin ymax] |
| | ezplot(xt,yt,[tmin,tmax]) | 绘制 x=x(t),y=y(t) 的二维图形,自变量 t 的取值范围为 [tmin tmax] |
| ezplot3 | ezplot3(x,y,z) | 绘制由表达式 x=x(t),y=y(t),z=z(t) 定义的三维曲线,自变量 t 的取值范围为 $[-2\pi\ 2\pi]$ |
| | ezplot3(x,y,z,[tmin,tmax]) | 自变量 t 的范围为 [tmin tmax] |
| ezsurf | ezsurf(f) | 绘制由表达式 f(x,y) 定义的表面图形,自变量 x,y 的取值范围为 $[-2\pi\ 2\pi]$ |
| | ezsurf(f,domain) | 自变量 x,y 的取值范围由 domain 确定 |
| | ezsurf(x,y,z) | 绘制由表达式 x=x(s,t),y=y(s,t),z=z(s,t) 定义的参数表面图,自变量 s 和 t 的取值范围均为 $[-2\pi\ 2\pi]$ |
| | ezsurf(x,y,z,[smin,smax,tmin,tmax]) | 自变量 s 的取值范围为 [smin smax],t 的取值范围为 [tmin tmax] |
| ezmesh | ezmesh(f) | 绘制由表达式 f(x,y) 定义的网格图形,自变量 x,y 的取值范围为 $[-2\pi\ 2\pi]$ |
| | ezmesh(f,domain) | 自变量 x,y 的取值范围由 domain 确定 |
| | ezmesh(x,y,z) | 绘制由表达式 x=x(s,t),y=y(s,t),z=z(s,t) 定义的参数网格图,自变量 s 和 t 的取值范围均为 $[-2\pi\ 2\pi]$ |
| | ezmesh(x,y,z,[smin,smax,tmin,tmax]) | 自变量 s 的取值范围为 [smin smax],t 的取值范围为 [tmin tmax] |
| ezcontour | ezcontour(f) | 绘制由表达式 f(x,y) 定义的等位线,自变量 x,y 的取值范围为 $[-2\pi\ 2\pi]$ |
| | ezcontour(f,domain) | 自变量 x,y 的取值范围由 domain 确定 |

【例4-22】 绘制函数 $x=\sin(3t)\ \cos(t),y=\sin(5t)\sin(t)$ 的图形，自变量 $t$ 的取值范围为 $[0,\ 2\pi]$。

```
clear
clc
syms t;
ezplot（sin（3*t）*cos（t），sin（5*t）*sin（t），[0，2*pi]）
```

程序运行结果如图4-3所示。

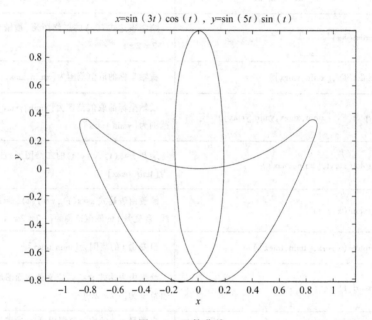

图 4-3　函数曲线

【例4-23】 分别绘制函数 $f=\dfrac{y}{1+x^2+y^2}$ 的表面图、网格图和等位线。

```
clear
clc
syms x y;
subplot（131）
ezsurf（y/（1+x^2+y^2），[-6，6，-2*pi，2*pi]）；
title（'表面图'）
subplot（132）
ezmesh（y/（1+x^2+y^2），[-6，6，-2*pi，2*pi]）；
title（'网格图'）
subplot（133）
ezcontour（y/（1+x^2+y^2），[-3，3]）；
title（'等位线'）
```

程序运行结果如图4-4所示。

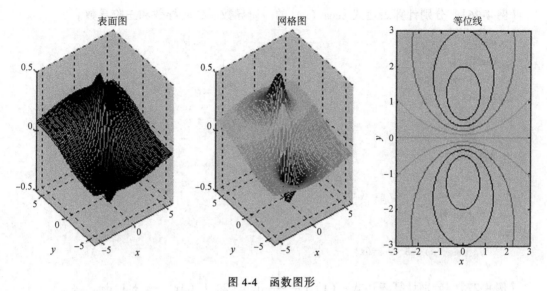

图 4-4    函数图形

# 4.6    实训    MATLAB 符号计算

## 4.6.1    跟我学

【例 4-24】    化简表达式 $f = \cos(2x) + 2\sin^2(x)$。

```
>> clear
>> syms x
>> f = cos (2 * x) + 2 * sin (x) ^ 2;
>> simplify (f)
ans =
    1
```

【例 4-25】    求极限值：（1）$\lim\limits_{x \to 0} \dfrac{\sin 2x}{\sin 5x}$    （2）$\lim\limits_{x \to \infty} \left(1 + \dfrac{1}{x}\right)^{2x}$。

```
>> clear
>> syms x;
>> s1 = sin (2 * x) /sin (5 * x);
>> limit (s1, x, 0)
ans =
     2/5
>> s2 = (1+1/x) ^ (2 * x);
>> limit (s2, x, inf)
ans =
     exp (2)
```

【例 4-26】 分别计算表达式 $x\cos(x)$ 的一阶导数、二阶导数和三阶导数。

```
>> clear
>> syms x
>> s=x * cos (x);
>> diff (s)
ans =
      cos (x) −x * sin (x)
>> diff (s, 2)
ans =
      −2 * sin (x) −x * cos (x)
>> diff (s, 3)
ans =
      x * sin (x) −3 * cos (x)
```

【例 4-27】 分别计算表达式：(1) $\int \dfrac{x^4}{1+x^2}\mathrm{d}x$　(2) $\int_0^2 (3x^2 - x + 1)\,\mathrm{d}x$。

```
>> clear
>> syms x
>> s1=x^4/ (1+x^2);
>> int (s1)
 ans =
      atan (x) −x+x^3/3
>> s2=3 * x^2−x+1;
>> int (s2, 0, 2)
ans =
      8
```

【例 4-28】 求解代数方程组 $\begin{cases} 5x+6y+7z=16 \\ 4x-5y+z=7 \\ x+y+2z=2 \end{cases}$ 。

```
>> clear
>> syms x y z
>> s1=5 * x+6 * y+7 * z−16;
>> s2=4 * x−5 * y+z−7;
>> s3=x+y+2 * z−2;
>> [x, y, z] =solve (s1, s2, s3)
x =
    129/34
y =
    45/34
z =
    −53/34
```

【例4-29】 求微分方程 $y'=e^{2x-y}$ 的通解和当 $y$（0）＝0时的特解。

```
>> clear
>> syms x y
>> y=dsolve（'Dy=exp（2*x-y）','x'）
y =
        -log(-1/（C4-exp（2*x）））-log（2）
>> y=dsolve（'Dy=exp（2*x-y）','y（0）=0','x'）
y =
        -log(1/（exp（2*x）+1））-log（2）
```

【例4-30】 求级数之和。

$$s=1+\frac{1}{4}+\frac{1}{9}+\frac{1}{16}+\cdots+\frac{1}{n^2}$$

```
>> clear
>> n=sym（'n'）;
>> s=symsum（1/n∧2, n, 1, inf）
s =
        pi∧2/6
```

【例4-31】 求表达式的泰勒展开式，展开到含 $x^5$ 的项。

$$\sqrt{1-2x+x^3}-\sqrt[3]{1-3x+x^2}$$

```
>> clear
>> x=sym（'x'）;
>> f=sqrt（1-2*x+x∧3）-（1-3*x+x∧2）∧（1/3）;
>> taylor（f）
ans =
        （239*x∧5）/72+（119*x∧4）/72+x∧3+x∧2/6
```

## 4.6.2　自己练

1. 计算表达式 $x+1$ 与表达式 $x^2-3x+1$ 的和、差、积、商、乘方，并对所得结果进行展开、化简。

2. 对表达式 $f=x^9-1$ 进行因式分解。

3. 展开表达式 $f=\sin（x+y）$。

4. 化简表达式 $f=\sqrt[3]{\dfrac{12}{x}+\dfrac{6}{x^2}+\dfrac{1}{x^3}+8}$。

5. 求极限 $\lim\limits_{x\to 0}\left(\ln\dfrac{\sin x}{x}\right)$。

6. 求极限 $\lim\limits_{x\to +\infty}（\sqrt{x^2+x}-\sqrt{x^2-x}）$。

7. 已知 $y=\tan^2\sqrt{x+\sqrt{x+\sqrt{2x}}}$，求 $y'$。

8. 求下列积分：

(1) $\displaystyle\int \frac{1}{x}\sqrt{\frac{x+1}{x-1}}\,\mathrm{d}x$   (2) $\displaystyle\int_0^{\pi/2}\sqrt{\sin x - \sin^3 x}\,\mathrm{d}x$

9. 求微分方程 $y''+4y'+4y=e^{-2x}$ 的通解。

10. 求表达式 $f=\dfrac{1}{3+\cos\ (x)}$ 的 5 阶泰勒展开式。

11. 求级数 $1-\dfrac{1}{2}+\dfrac{1}{3}-\dfrac{1}{4}+\cdots+\ (-1)^{n+1}\dfrac{1}{n}$ 的和。

## 4.7 习题

1. 对表达式 $f=\sqrt[3]{\dfrac{1}{x^3}+\dfrac{4}{x^2}+\dfrac{6}{x}+8}$ 进行化简。

2. 求下列表达式的极限：

(1) $\displaystyle\lim_{x\to 0}\sqrt{x^2-2x+5}$   (2) $\displaystyle\lim_{x\to 0}\frac{\sqrt{1+x^2}-1}{x}$

3. 已知 $y=\cos\ (x^2)\ \sin^2\dfrac{1}{x}$，求 $y'$。

4. 求下列表达式的积分：

(1) $\displaystyle\int 2x e^{x^2}\mathrm{d}x$   (2) $\displaystyle\int x\sqrt{1-x^2}\,\mathrm{d}x$   (3) $\displaystyle\int_0^3\frac{1}{3+2x}\mathrm{d}x$

5. 求微分方程 $x^2y'+xy=y^2$，$y\ (1)\ =1$ 的特解。

6. 求下列级数前 10 项的有限和：

(1) $s=1-\dfrac{1}{2}+\dfrac{1}{3}-\dfrac{1}{4}+\cdots+\ (-1)^{n+1}\dfrac{1}{n}$

(2) $s=x+2x^2+3x^3+\cdots+nx^n$，$x=2$

(3) $s=1+4+9+16+\cdots+10000$

7. 已知表达式 $\sqrt[3]{2+x-3x^3}$，求 $x=0$ 处的 5 阶泰勒展开式。

8. 求解下列线性方程组：

(1) $\begin{cases}3x+4y-2z=12 \\ 45x+5y+4z=23 \\ 6x+2y-3z=4\end{cases}$   (2) $\begin{cases}x-4y+z=1 \\ 6x+4y+14=2z \\ y-13z+5=4x\end{cases}$

# 第5章　MATLAB 数值计算

## 本章要点

- 数据的分析与统计
- 数值插值
- 曲线拟合
- 求解常微分方程

## 5.1　数据分析

由于 MATLAB 是面向矩阵运算的，让矩阵的每列代表不同的被测变量，相应的行代表被测矢量的观测值，可以通过对矩阵元素的访问进行数据统计分析。

### 5.1.1　数据统计

MATLAB 提供的数据统计函数主要有求数据矩阵各列的最大元素、最小元素、均值和中值等，如表 5-1 所示。

**表 5-1　数据统计函数**

| 函 数 名 称 | 功　　能 | 函 数 名 称 | 功　　能 |
|---|---|---|---|
| max(x) | 找 x 各列的最大元素 | min(x) | 找 x 各列的最小元素 |
| mean(x) | 求 x 各列的平均值 | sum(x) | 求 x 各列元素之和 |
| median(x) | 找 x 各列的中间值元素 | sort(x) | 使 x 的各列元素按递增排序 |
| prod(x) | 求 x 各列元素之积 | | |

说明：如果输入量 x 是矢量，则不论是行矢量还是列矢量，计算是对整个矢量进行的；如果输入量 x 是矩阵，则计算是按列进行的，即认为每个列是由一个变量的不同情况所得的数据集合。

【例 5-1】　对矩阵 $A = \begin{pmatrix} 4 & 8 & -9 \\ 11 & -12 & 4 \\ -8 & 0 & 5 \\ 0.6 & 5 & 10 \end{pmatrix}$，求各列的最大元素、中值和平均值。

```
>> clear
>> A = [4 8 -9; 11 -12 4; -8 0 5; 0.6 5 10]
>> maxA = max (A)
maxA =
        11       8      10
>> medA = median (A)
```

```
medA =
        2.3000    2.5000    4.5000
>> meanA = mean (A)
meanA =
        1.9000    0.2500    2.5000
```

如果想得到整个矩阵的统计结果，而不是针对每列的，可以对每列的统计结果再计算一次，或者使用嵌套。例如想得到矩阵 *A* 的最小元素可用：

```
minA = min (min (A))
```

### 5.1.2 离差和相关

离差是描述样本中数据偏离其中心值的程度，主要有方差、标准差、极差和协方差。相关是表示两个矩阵线性联系密切程度的一个统计量，相关系数值是小于或等于 1 的正数。当值为 1 时，表示两个矩阵的线性联系最密切；当值为 0 时，表示两个矩阵的线性联系最弱。相关系数有自相关和互相关两种，离差函数和相关函数如表 5-2 所示。

表 5-2　离差函数和相关函数

| 函数名称 | 功　　能 | 函数名称 | 功　　能 |
|---|---|---|---|
| var(x) | x 各列的方差 | cov(x,y) | 两个矩阵 x 和 y 的协方差 |
| std(x) | x 各列的标准差 | corrcoef(x) | x 的自相关阵 |
| range(x) | x 各列的极差 | corrcoef(x,y) | 两个矩阵 x 和 y 的互相关系数,结果为方阵 |
| cov(x) | x 的协方差阵 | corr2(x,y) | 两个矩阵 x 和 y 的相关系数 |

【例 5-2】　建立一个 3×4 的随机矩阵，求方差、标准差、极差、协方差和自相关阵。

```
>> clear
>> A = rand (3, 4)            %建立随机矩阵
A =
        0.1389    0.6038    0.0153    0.9318
        0.2028    0.2722    0.7468    0.4660
        0.1987    0.1988    0.4451    0.4186
>> B = var (A)
B =
        0.0013    0.0466    0.1351    0.0804
>> C = std (A)
C =
        0.0358    0.2158    0.3676    0.2836
>> D = range (A)
D =
        0.0639    0.4050    0.7315    0.5132
>> E = cov (A)
E =
        0.0013   -0.0075    0.0123   -0.0100
```

## 5.2 数值计算

### 5.2.1 多项式

多项式是一种基本的数值分析工具，也是一种极简单的函数，很多复杂的函数都可以用多项式逼近。一个 n 次多项式有 n+1 个系数，在 MATLAB 中，用一个长度为 n+1 的行矢量表示一个 n 次多项式，其中多项式的各元素按降幂顺序排列，缺少的系数要补 0。

如果多项式表示为

$$P(x) = a_0 x^n + a_1 x^{n-1} + a_2 x^{n-2} + \ldots + a_{n-1} x + a_n$$

则 MATLAB 表示的系数矢量为 P = $[a_0\ a_1\ a_2\ \ldots\ a_{n-1}\ a_n]$；

如果知道多项式的根为 $ar_1$，$ar_2$，...，$ar_n$，则可以用多项式的根组成的矢量来表示多项式为 ar = $[ar_1\ ar_2\ \ldots\ ar_n]$。根矢量与系数矢量之间满足如下的关系式 $(x - ar_1)(x - ar_2)\ldots(x - ar_n) = a_0 x^n + a_1 x^{n-1} + a_2 x^{n-2} + \cdots + a_{n-1} x + a_n$。在 MATLAB 中，与多项式相关函数如表 5-3 所示。

**表 5-3 多项式相关函数**

| 名　　称 | 函数格式 | 说　　明 |
|---------|---------|---------|
| 创建多项式 | P = $[a_0\ a_1\ a_2 \ldots a_{n-1}\ a_n]$ | P 为多项式(以下各函数中 P 均为多项式)，$a_0\ a_1\ a_2\ldots a_{n-1}\ a_n$ 为按降幂顺序排列的多项式系数 |
|          | P = poly（A） | A 为矢量。创建以矢量 A 中元素为根的多项式 |
| 求根 | roots（P） | 求该多项式的根，以列矢量的形式给出 |
| 求值 | polyval（P，A） | 当 A 为标量时，求多项式 P 在自变量 x = A 时的值；当 A 为矢量时，求 x 分别等于 A 中每个元素时，多项式的值 |
|      | polyvalm（P，m） | m 为 n×n 阶方阵。求 x 分别等于 m 中每一个元素时，多项式的值(结果为 n×n 阶方阵) |
| 多项式乘法 | conv（$P_1$，$P_2$） | $P_1$ 多项式与 $P_2$ 多项式相乘 |
| 多项式除法 | [q,r] = deconv（$P_1$，$P_2$） | $P_1$ 多项式与 $P_2$ 多项式相除。q 为商，r 为余数 |
| 多项式求导 | p = polyder（P） | 多项式 P 的导函数 |
|           | P = polyder（$P_1$，$P_2$） | $P_1$ 多项式与 $P_2$ 多项式乘积的导函数 |
|           | [q,r] = polyder（$P_1$，$P_2$） | $P_1$ 多项式与 $P_2$ 多项式相除后的导函数，导函数的分子放入 q，分母放入 r |

**【例 5-3】** 在 MATLAB 中建立多项式 $f(x) = 4x^3 - 3x^2 + 2x - 5$，并求出 $f(x) = 0$ 时的根及 $x = 3$、$x = 3.6$ 的值。

```
>> clear
>> P = [4, -3, 2, -5];
>> x = roots (P)
x =
    1.2007
  -0.2253 + 0.9951i
  -0.2253 - 0.9951i
>> x = [3, 3.6];
>> f = polyval (P, x)
f =
    82.0000   149.9440
```

创建多项式时，必须包括具有零系数的项，否则 MATLAB 无法知道其中的哪一项为零。多项式的加、减运算就是其对应矢量的加、减运算，若两个矢量的长度不同，短的矢量要补零，使两个矢量等长。

**【例 5-4】** 已知多项式 $f(x) = x^4 + 2x^3 - 4x^2 + 3x - 1$ 和 $g(x) = x^2 + 1$，求两个多项式的和、差、积、商及 $f(x)$ 的导数。

```
>> clear
>> f = [1, 2, -4, 3, -1];          %创建多项式
>> g = [1, 0, 1];
>> g1 = [0, 0, 1, 0, 1];           %短多项式补零
>> f+g1                            %多项式加法
ans =
    1    2    -3    3    0
>> f-g1                            %多项式减法
ans =
    1    2    -5    3    -2
>> conv (f, g)                     %多项式乘法
ans =
    1    2    -3    5    -5    3    -1
>> [q, r] = deconv (f, g)          %多项式除法
q =                                %商多项式
    1    2    -5
r =                                %余数多项式
    0    0    0    1    4
>> polyder (f)                     %多项式求导
ans =                              %导数多项式
    4    6    -8    3
```

## 5.2.2 插值与拟合

在实际应用中，人们所得到的数据通常都是离散的。如果想得到这些离散点以外的其他数值点，就需要对这些已知数据点进行插值，来近似那些未知的点，这就是数值插值。与数

值插值类似，曲线拟合就是用一个较简单的函数去逼近一个复杂的或未知的函数，所依据的条件也是在一个区间上有限采样点的函数值，用这些有限的点构造逼近函数。数学上，常常把最佳拟合解释为数据点的误差平方和最小，如果所用的曲线限定为多项式就称为多项式的最小二乘曲线拟合。

插值和拟合都是根据已知数据来构造未知数据，两种方法的最大区别之处在于，曲线拟合要找出一个曲线方程式，而插值只要求得到内插数值。

**1. 数值插值**

MATLAB 的数值插值函数如下：

（1）一维插值

5.2.2
数值插值

$Z_1 = \text{interp1}（X，Y，X_1，'参数'）$

**说明**：X 是矢量，表示采样点；Y 是采样点上的样本值，与 X 等长；$X_1$ 可是矢量或标量，表示欲插值的点；$Z_1$ 是与 $X_1$ 等长的插值结果。

（2）二维插值

$Z_1 = \text{interp2}（X，Y，Z，X_1，Y_1，'参数'）$

**说明**：X 是长度为 M 的矢量、Y 是长度为 N 的矢量，表示采样点；Z 是与采样点对应的样本值，长度为 N×M；$X_1$、$Y_1$ 是矢量或标量，长度可以不等，表示欲插值的点；$Z_1$ 是插值结果。二维插值是对双变量函数同时做插值。这在图像处理和数据可视化方面有很重要的应用。

两种插值方法都要求 X 必须为单调的升序或者降序排列。插值点的取值范围不能超过函数自变量的范围，否则，会给出 NaN（非数）的错误。线性插值函数主要参数如表 5-4 所示。

表 5-4  线性插值函数主要参数

| 参 数 名 称 | 说 明 | 特 点 |
|---|---|---|
| nearest | 邻近点插值法。根据已知两点间的插值点与这两点之间的位置远近插值。当插值点距离前点近时，取前点的值，否则取后点的值 | 速度最快，但平滑性差 |
| linear | 线性插值。把相邻的数据点用直线连接，按所生成的曲线进行插值，是默认的插值方法 | 占有的内存较邻近点插值方法多，运算时间也稍长，与邻近点插值不同，其结果是连续的，但在顶点处的斜率会改变 |
| spline | 3 次样条插值。用已知数据求出样条函数后，按照样条函数插值 | 运算时间长，但内存的占有较立方插值方法要少，3 次样条插值的平滑性很好，但如果输入的数据不一致或数据点过近，可能出现很差的插值结果 |
| cubic | 立方插值法，也称 3 次多项式插值。用已知数据构造出 3 次多项式进行插值 | 需要较多的内存和运算时间，平滑性很好 |
| bicubic | 双立方插值法。利用已知的数据点拟合一个双立方曲面，然后根据插值点的坐标插值，每个插值点的值由该点附近的 6 个点的坐标确定 | 二维插值函数独有。插值点处的值和该点值的导数都连续 |

【例 5-5】 用不同的插值方法计算 sin（x）在 x＝π/4 时的值。

```
>> clear
>> X=0：0.1：pi/2；
>> Y=sin（X）；
>> interp1（X，Y，pi/4）                    %使用默认方法（即线性插值）
ans =
       0.7067
>> interp1（X，Y，pi/4，'nearest'）          %使用邻近点插值
ans =
       0.7174
>> interp1（X，Y，pi/4，'spline'）           %使用 3 次样条插值
ans =
       0.7071
>> interp1（X，Y，pi/4，'cubic'）            %使用立方插值
ans =
       0.7071
```

**2. 曲线拟合**

MATLAB 的曲线拟合函数如下：

> [P，S] ＝polyfit（X，Y，N）

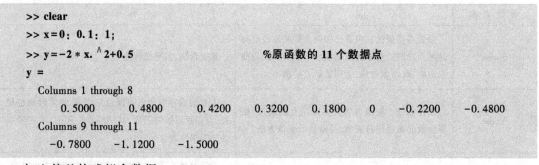

5.2.2
曲线拟合

**说明**：X、Y 是两个等长的矢量，X 是采样点，Y 是采样点函数值，N 是多项式的次数；P 是一个长度为 N+1 的矢量，代表 N 次多项式；S 是采样点的误差矢量。

该函数利用矢量 X、Y 所确定的原始数据构造 N 阶多项式 P，使 P 与已知数据点间的函数值之差的平方和最小。当 N＝1 时，多项式拟合就是线性拟合。

【例 5-6】 取函数 $y=-2x^2+0.5$ 在 $x=$ ［0，1］的 11 个数据点，加入一些偏差构成拟合的数据，用一个 2 次多项式拟合该函数，并绘图比较。

```
>> clear
>> x=0：0.1：1；
>> y=-2 * x.^2+0.5                          %原函数的 11 个数据点
y =
  Columns 1 through 8
     0.5000     0.4800     0.4200     0.3200     0.1800      0     -0.2200     -0.4800
  Columns 9 through 11
    -0.7800    -1.1200    -1.5000
```

加入偏差构成拟合数据：

```
>> y1= ［0.52 0.44 0.4 0.35 0.2 0.04 -0.2 -0.44 -0.8 -1.15 -1.65］
>> [p，s] ＝polyfit（x，y1，2）
p =
    -2.4091     0.3373     0.4664
s =
    R：［3x3 double］
    df：8
```

```
>> plot (x, y,'o:', x, polyval (p, x),'r-')    %圆圈点连线是原函数,实线是拟合后的函数,
                                               %如图 5-1 所示
```

根据矢量 p,得到拟合的多项式为:$y = -2.4091x^2 + 0.3373x + 0.4664$。

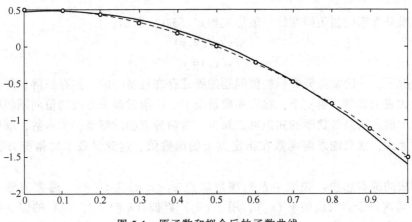

图 5-1 原函数和拟合后的函数曲线

## 5.2.3 函数的极值和零点

求函数在给定区间的极小值和零点是常见的运算,MATLAB 只提供了用于求极小值和零点的函数,函数的极值和零点的主要函数如表 5-5 所示。

表 5-5 函数的极值和零点的主要函数

| 函 数 名 称 | 函 数 格 式 | 说 明 |
|---|---|---|
| 函数极小值 | x = fminbnd('fun',a,b) | fun 为待求极值的单变量函数,a、b 为求极值的区间。x 为函数极值点,y 为极值点的函数值 |
| | [x,y] = fminbnd('fun',a,b) | |
| 函数零点 | x = fzero('fun',a) | a 为零点附近的初始值,[a b]为求零点的区间,x 为函数零点,y 为零点的函数值。若没有零点,则返回 NaN (非数) |
| | x = fzero('fun',[a b]) | |
| | [x,y] = fzero('fun',a) | |
| | [x,y] = fzero('fun',[a b]) | |

【例 5-7】 求函数 $f(x) = x^3 - 2x + 1$ 在 $x = [-1, 1]$ 的极小值和 $x = -1$ 附近的零点。

```
>> clear
>> [x, y] = fminbnd ('x.^3-2.*x+1', -1, 1)        %求极小值
x =
      0.8165
y =
    -0.0887
>> [x, y] = fzero ('x.^3-2.*x+1', -1)
x =
    -1.6180
y =
      0
```

## 5.3 常微分方程的数值求解

### 5.3.1 常微分方程的解法

一阶常微分方程的初值问题的一般形式如式（5-1）所示：

$$\begin{cases} y'=f(x,y) \\ y(x_0)=y_0 \end{cases} \tag{5-1}$$

多数情况下，一阶常微分方程初值问题的解是存在且唯一的，但存在解，并不意味着可以用有限形式表示其解。事实上，在大多数情况下，一阶常微分方程初值问题的解是不能用有限形式表示的。从高等数学的知识可以知道，常微分方程的解是一个函数，既然不能找到解的解析表达式，就只能求解函数在指定点上的函数值，这就导致了对微分方程数值解的研究。

数值解法的基本思想：先取一系列离散的点 $x_0<x_1<x_3k<x_n<k$，通常取等步长 $h$，使 $x_n=x_0+nh$，再求每个点对应的 $y(x_n)$，用 $y(x_n)$ 近似（$n=1$，2，…）的值。主要有欧拉法、线性多步法、预估校正法、龙格-库塔法等，其中以龙格-库塔法使用最多，这里只对该方法进行介绍。

在求解式（5-1）中的未知数 $y$ 时，$y$ 在 $x_0$ 点的值 $y(x_0)=y_0$ 是已知的，根据高等数学中的中值定理，应有式（5-2）：

$$\begin{cases} y(x_0+h)=y_1 \approx y_0+hf(x_0,y_0) \\ y(x_0+2h)=y_2 \approx y_1+hf(x_1,y_1) \end{cases} \tag{5-2}$$

式中，$h>0$，称为步长。

将式（5-2）推广，在任意点 $x_i=x_0+ih$，得到式（5-3）：

$$y(x_0+ih)=y_i \approx y_{i-1}+hf(x_{i-1},y_{i-1}),\quad i=1,2,\cdots,n \tag{5-3}$$

当 $x_0$，$y_0$ 确定后，根据式（5-3）能计算出未知函数 $y$ 在点 $x_i=x_0+ih$，$i=0$，1，…，$n$ 的一系列数值解：

$$y_i=y_0,y_1,y_2,\cdots,y_n,\quad i=0,1,\cdots,n \tag{5-4}$$

显然，上述递推过程中有一个误差累计的问题，在实际计算过程中，使用的递推公式都进行了改造，通常应用的龙格-库塔公式如式（5-5）所示：

$$y(x_0+ih)=y_i=y_{i-1}+\frac{1}{6}(k_1+2k_2+2k_3+k_4) \tag{5-5}$$

式中，$k_1=f(x_{i-1},y_{i-1})$

$$k_2=f\left(x_{i-1}+\frac{1}{2}h,\ y_{i-1}+\frac{1}{2}hk_1\right)$$

$$k_3=f\left(x_{i-1}+\frac{1}{2}h,\ y_{i-1}+\frac{1}{2}hk_2\right)$$

$$k_4=f(x_{i-1}+h,\ y_{i-1}+hk_3)$$

### 5.3.2 龙格-库塔法的实现

基于龙格-库塔法，MATLAB 提供了求常微分方程数值解的函数，其函数格式如下：

$$[X, Y] = ode23 \ ('f', [x_0, x_n], y_0)$$
$$[X, Y] = ode45 \ ('f', [x_0, x_n], y_0)$$

说明：X，Y 是两个矢量。X 对应自变量 x 在求解区间 $[x_0, x_n]$ 的一组采样点，其采样密度是自适应的，无须指定；Y 是与 X 对应的一组解。f 是一个 M 函数文件，代表待求解方程。$[x_0, x_n]$ 代表自变量的求解区间。$y_0 = y \ (x_0)$，由方程的初值给定。函数在求解区间 $[x_0, x_n]$ 内，自动设定采样点矢量 X，并求出解函数 y 在采样点 X 处的样本值。

ode23 函数采用了二阶、三阶龙格-库塔法，ode45 函数采用了四阶、五阶龙格-库塔法，这两个函数都采用自适应变步长的求解方法，即当解的变化较慢时采用较大的步长，从而提高了计算速度；当解的变化较快时步长会自动地变小，可以提高计算精确度。

【例 5-8】 求微分方程 $\begin{cases} \dfrac{dy}{dx} = -3y + 2x \\ y \ (0) = 1 \end{cases}$ 在 $[1, 3]$ 的数值解。

先建立一个该方程的函数文件，启动 MTALAB 文本编辑器，输入以下命令：

```
function f=f (x, y)
f=-3. * y+2. * x;                    %使用点运算
```

按默认文件名存盘后，在命令行窗口输入命令：

```
>> [X, Y] =ode45 ('f', [1 3], 1);        %采用四阶、五阶龙格-库塔法
>> X'                                     %转置后，显示自变量的一组采样点
ans =
   Columns 1 through 7
     1.0000     1.0500     1.1000     1.1500     1.2000     1.2500     1.3000
   Columns 8 through 14
     1.3500     1.4000     1.4500     1.5000     1.5500     1.6000     1.6500
   Columns 15 through 21
     1.7000     1.7500     1.8000     1.8500     1.9000     1.9500     2.0000
   Columns 22 through 28
     2.0500     2.1000     2.1500     2.2000     2.2500     2.3000     2.3500
   Columns 29 through 35
     2.4000     2.4500     2.5000     2.5500     2.6000     2.6500     2.7000
   Columns 36 through 41
     2.7500     2.8000     2.8500     2.9000     2.9500     3.0000
>> Y'                                     %转置后，显示与采样点对应的一组数值解
ans =
   Columns 1 through 7
     1.0000     0.9559     0.9226     0.8987     0.8827     0.8735     0.8703
   Columns 8 through 14
     0.8722     0.8785     0.8885     0.9017     0.9178     0.9363     0.9568
```

| Columns 15 through 21 | | | | | | |
|---|---|---|---|---|---|---|
| 0.9791 | 1.0030 | 1.0282 | 1.0545 | 1.0818 | 1.1099 | 1.1388 |
| Columns 22 through 28 | | | | | | |
| 1.1683 | 1.1983 | 1.2287 | 1.2596 | 1.2908 | 1.3224 | 1.3541 |
| Columns 29 through 35 | | | | | | |
| 1.3861 | 1.4183 | 1.4506 | 1.4831 | 1.5157 | 1.5484 | 1.5812 |
| Columns 36 through 41 | | | | | | |
| 1.6140 | 1.6470 | 1.6799 | 1.7130 | 1.7460 | 1.7792 | |

# 5.4 交互式工具

5.4.1
随机数生成工具

## 5.4.1 随机数生成工具

MATLAB 的 randtool 函数可以打开一个利用直方图显示随机数的图形用户界面,用户可以改变随机样本直方图上的参数和样本大小来得到不同的观测结果。在命令行窗中输入命令"randtool"后单击〈Enter〉键,打开的"Random Number Generation Tool(随机数生成工具)"窗口如图 5-2 所示。

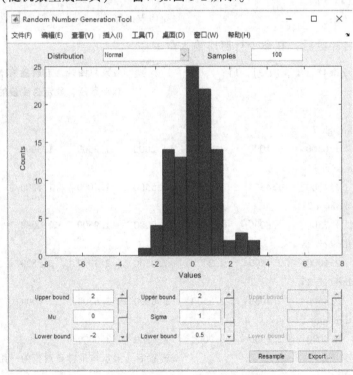

图 5-2 "Random Number Generation Tool" 窗口

图 5-2 中,在"Distribution"下拉框选择所需的分布函数类型名称(如正态分布 Normal、泊松分布 Poisson 等)、在"Samples"输入框中输入样本大小、图形下方主要是随机数的参数(如均值、标准差等,不同的分布类型参数不同)、单击"Resample"按钮可以从同一分布的总体中

重复取样、单击"Export"按钮可以将当前设置的随机数据输出，并保存到工作区。

## 5.4.2 概率分布观察工具

5.4.2
概率分布
观察工具

　　MATLAB 的 disttool 函数可以打开图形用户界面，并生成多种概率分布的交互式函数图形，用户可以通过改变分布函数类型和参数得到不同的观测结果。在命令行窗中输入命令"disttool"后单击〈Enter〉键，打开的"Probability Distribution Function Tool（概率分布函数工具）"窗口如图 5-3 所示。

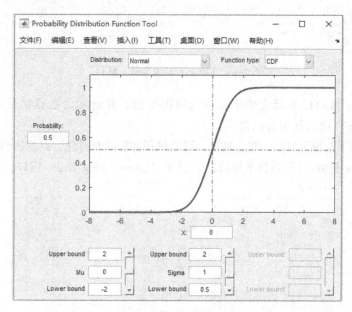

图 5-3　"Probability Distribution Function Tool"窗口

　　图 5-3 中，在"Distribution"下拉框选择所需的分布函数类型名称、在"Function type"下拉框选择 CDF（累积分布函数）或 PDF（概率密度函数）、图形左侧和下方的显示框中是动态显示的函数值、图形下方是函数的特征参数填写窗和调节滑动条。

## 5.4.3 交互式拟合工具

5.4.3
交互式拟合工具

　　MATLAB 的曲线拟合工具箱是一个专门用于数据拟合操作的工具箱，可以使用多种工具来拟合曲线。使用曲线拟合工具箱之前，需要提供一组供分析的数据，可以使用下列数据：

```
>> x=0:6;
>> y=[0, 20, 60, 68, 77, 110, 152];
```

　　建立完分析数据后，在命令行窗口输入"cftool"后单击〈Enter〉键，即可打开"Curve Fitting Tool（交互式拟合工具）"窗口，如图 5-4 所示。

　　单击图 5-4 中的"X data"下拉框，从中选择自变量"x"，同样在"Y data"下拉框中

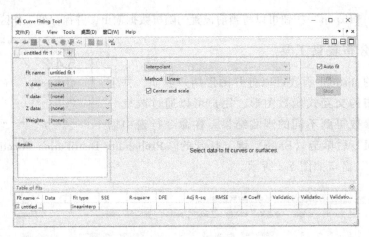

图 5-4 "Curve Fitting Tool" 窗口

选择因变量 "y"。MATLAB 就会使用相应的数据绘图，并自动为数据集指定一个名字，也可以在 "Fit name" 输入框中自己命名。

图 5-4 中间的下拉框可以选择拟合算法，可以试用多种拟合算法，以找出最佳拟合图形。例如选择 "Smoothing Spline（平滑样条函数）"，观察 "Curve Fitting Tool" 窗口，如图 5-5 所示。

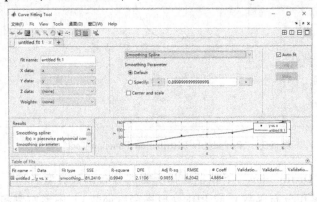

图 5-5 拟合曲线

### 5.4.4 图形窗口的拟合和统计工具

MATLAB 的图形窗口中提供了简单方便的数据拟合和基本统计工具。数据拟合工具可以对所绘制的曲线使用多种方法进行拟合；基本统计工具可提供最小值、最大值、平均值、中位值、标准差、数据范围等统计运算。

#### 1. 数据拟合工具

使用数据拟合工具首先需要创建一幅图形，在命令行窗口输入以下程序：

```
>> x = 0:5;
>> y = [0, 17, 50, 63, 74, 102];
>> plot (x, y,'o')
>> axis ( [-1, 7, -15, 125])
```

5.4.4
数据拟合工具

在打开的图形窗口中，单击"工具"→"基本拟合"菜单，则打开"基本拟合"窗口，如图 5-6 所示。

在图 5-6 中的"绘制拟合图"中选择拟合方法（可同时选多种）；"显示方程"复选框可以选择是否在图形上显示拟合多项式；"绘制残差图"复选框选中时会产生第二幅图形，该图形显示了每一个数据点与计算出来的拟合曲线之间的距离。例如选择"线性"和"三次方"拟合方法，同时选中两个复选框，产生图形如图 5-7 所示。

**2. 基本统计工具**

MATLAB 的图形窗口中还提供了基本统计工具，可以对所绘制的曲线进行各种统计运算。

和使用数据拟合工具相同，先要创建一幅图形，在打开的图形窗口中，单击"工具"→"数据统计信息"选项，则打开"数据统计信息"窗口，如图 5-8 所示。

选中数据 X 和数值 Y 后面的复选框，会将对应的数值以虚线的形式反映在图形上；单击"保存到工作区…"按钮，会将统计数据以结构数组的形式保存到工作区。

图 5-6 基本拟合窗口

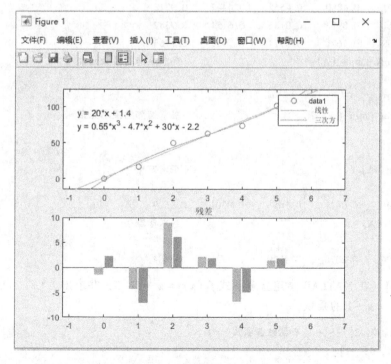

图 5-7 拟合曲线和残差图

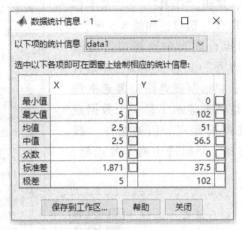

图 5-8 "数据统计信息"窗口

## 5.5 实训 MATLAB 数值计算

### 5.5.1 跟我学

【例 5-9】 建立一个 3×5 阶随机矩阵，求矩阵的最大值、最小值、方差和标准差。

```
>> A = rand (3, 5)                      %建立 3×5 阶随机矩阵
A =
    0.9501    0.4860    0.4565    0.4447    0.9218
    0.2311    0.8913    0.0185    0.6154    0.7382
    0.6068    0.7621    0.8214    0.7919    0.1763
>> ma = max (max (A))                    %求矩阵的最大元素
ma =
    0.9501
>> na = min (min (A))                    %求矩阵的最小元素
na =
    0.0185
>> B = var (A)                           %求方差
B =
    0.1293    0.0429    0.1616    0.0301    0.1509
>> C = std (A)                           %求标准差
C =
    0.3596    0.2070    0.4020    0.1736    0.3884
```

【例 5-10】 在 MATLAB 中建立多项式 $f(x) = x^3 + 2x - 5$，并求出 $f(x) = 0$ 时的根及与多项式 $f(x) = x^2 - 1$ 的乘积。

```
>> f= [1, 0, 2, -5];    %创建多项式
>> g= [1, 0, -1];
>> g1= [0, 1, 0, -1];    %短多项式补零
```

```
>> x=roots（f）                        %多项式求根
x =
   -0.6641 + 1.8230i
   -0.6641 - 1.8230i
    1.3283
>> conv（f，g）                         %多项式相乘
ans =
     1      0      1     -5     -2      5
```

【例 5-11】 已知某函数的以 0.5 为间距采样的 22 个数据点，采样数据如表 5-6 所示。

表 5-6　采样数据

| x | 0 | 0.5 | 1 | 1.5 | 2 | 2.5 | 3 | 3.5 | 4 | 4.5 | 5 |
|---|---|-----|---|-----|---|-----|---|-----|---|-----|---|
| y | 0 | 0.456 | 0.761 | 0.859 | 0.745 | 0.466 | 0.105 | -0.247 | -0.507 | -0.623 | -0.582 |
| x | 5.5 | 6 | 6.5 | 7 | 7.5 | 8 | 8.5 | 9 | 9.5 | 10 | 10.5 |
| y | -0.407 | -0.153 | 0.112 | 0.326 | 0.443 | 0.445 | 0.341 | 0.168 | -0.291 | -0.200 | -0.308 |

编写程序，用不同的插值方法实现间距为 0.1 的函数曲线，如图 5-9 所示。

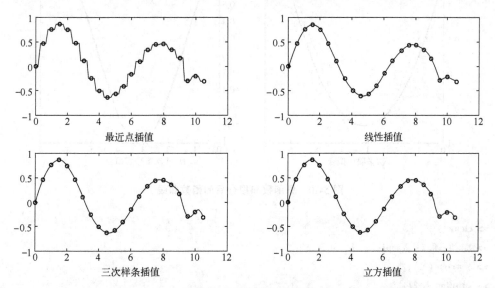

图 5-9　插值后的函数曲线

```
clear
x0=0：0.5：10.5；
y0 = [0 0.456 0.761 0.859 0.745 0.466 0.105 -0.247 -0.507 -0.623 -0.582...
      -0.407 -0.153 0.112 0.326 0.443 0.445 0.341 0.168 -0.291 -0.200 -0.308]；
x=0：0.1：10.5；
subplot（221）
y1=interp1（x0，y0，x，'nearest'）；              %最近点插值
plot（x0，y0，'or'，x，y1，'b'）                    %空心圆圈表示已知数据点
title（'最近点插值'）
subplot（222）
```

```
y2 = interp1 (x0, y0, x,'linear');                    %线性插值
plot (x0, y0,'or', x, y2,'b')
title ('线性插值')
subplot (223)
y3 = interp1 (x0, y0, x,'spline');                    %三次样条插值
plot (x0, y0,'or', x, y3,'b')
title ('三次样条插值')
subplot (224)
y4 = interp1 (x0, y0, x,'cubic');                     %立方插值
plot (x0, y0,'or', x, y4,'b')
title ('立方插值')
```

【例 5-12】 分别用两次、4 次多项式在区间 $[0, 2\pi]$ 内拟合函数 cos (x)，并与绘图比较拟合效果，原函数和拟合后的函数曲线如图 5-10 所示。

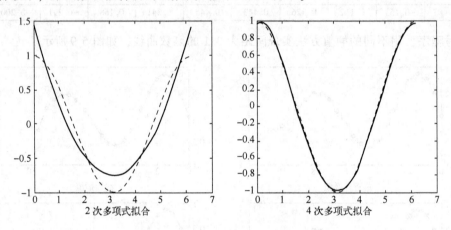

图 5-10 原函数和拟合后的函数曲线

```
>> clear
>> X = 0: 0.1: 2 * pi;
>> Y = cos (X);
>> subplot (121)
>> [p, s] = polyfit (X, Y, 2)              % 2 次多项式拟合
p =
    0.2299    -1.4381    1.4909
s =
    R: [3x3 double]
    df: 60
    normr: 1.5620
>> plot (X, Y,'k:', X, polyval (p, X),'r-')   %点连线是原函数，实线是拟合后的函数
>> title ('2 次多项式拟合')
>> subplot (122)
>> [p, s] = polyfit (X, Y, 4)              % 4 次多项式拟合
```

```
p =
    -0.0261    0.3275    -1.0894    0.3861    0.9477
s =
    R：[5x5 double]
    df：58
    normr：0.1479
```
`>> plot (X, Y,'k:', X, polyval (p, X),'r-')`    %点连线是原函数，实
线是拟合后的函数
`>> title（'4次多项式拟合'）`

【例 5-13】 求函数 $f(x)=x^3+x^2-3x+3$ 在 $x=[-2, 2]$ 的极小值和 $x=-2$ 附近的零点。

```
>> x=-2：0.1：2;                           %定义自变量的范围
>> [x, y] =fminbnd ('x.^3+x.^2-3.*x+3', -2, 2)    %求极小值
x =
    0.7208
y =
    1.7316
>> [x, y] =fzero ('x.^3+x.^2-3.*x+3', -2)    %求 x=-2 附近的零点
x =
    -2.5987
y =
    -3.5527e-015
```

【例 5-14】 求微分方程 $\begin{cases} \dfrac{dy}{dx}-\dfrac{3x}{y}=-2x \\ y(0)=1 \end{cases}$ 在 $[1, 2]$ 的数值解。

先建立一个该方程的函数文件，启动 MTALAB 文本编辑器，输入以下命令：

```
function f=f (x, y)
f=3.*x./y-2.*x;                          %使用点运算
```

按默认文件名存盘后，在命令行窗口输入命令：

```
>> [X, Y] =ode45 ('f', [1 2], 1);        %采用四阶、五阶龙格-库塔法
>> X'                                     %转置后，显示自变量的一组采样点
ans =
    Columns 1 through 7
      1.0000    1.0250    1.0500    1.0750    1.1000    1.1250    1.1500
    Columns 8 through 14
      1.1750    1.2000    1.2250    1.2500    1.2750    1.3000    1.3250
    Columns 15 through 21
      1.3500    1.3750    1.4000    1.4250    1.4500    1.4750    1.5000
    Columns 22 through 28
```

|  |  |  |  |  |  |  |
|---|---|---|---|---|---|---|
| 1.5250 | 1.5500 | 1.5750 | 1.6000 | 1.6250 | 1.6500 | 1.6750 |

Columns 29 through 35

|  |  |  |  |  |  |  |
|---|---|---|---|---|---|---|
| 1.7000 | 1.7250 | 1.7500 | 1.7750 | 1.8000 | 1.8250 | 1.8500 |

Columns 36 through 41

|  |  |  |  |  |  |
|---|---|---|---|---|---|
| 1.8750 | 1.9000 | 1.9250 | 1.9500 | 1.9750 | 2.0000 |

```
>> Y'                                          %转置后，显示一组数值解
ans =
```

Columns 1 through 7

|  |  |  |  |  |  |  |
|---|---|---|---|---|---|---|
| 1.0000 | 1.0244 | 1.0476 | 1.0698 | 1.0909 | 1.1110 | 1.1303 |

Columns 8 through 14

|  |  |  |  |  |  |  |
|---|---|---|---|---|---|---|
| 1.1487 | 1.1662 | 1.1830 | 1.1991 | 1.2144 | 1.2291 | 1.2431 |

Columns 15 through 21

|  |  |  |  |  |  |  |
|---|---|---|---|---|---|---|
| 1.2565 | 1.2692 | 1.2815 | 1.2931 | 1.3043 | 1.3149 | 1.3250 |

Columns 22 through 28

|  |  |  |  |  |  |  |
|---|---|---|---|---|---|---|
| 1.3347 | 1.3439 | 1.3527 | 1.3611 | 1.3690 | 1.3766 | 1.3838 |

Columns 29 through 35

|  |  |  |  |  |  |  |
|---|---|---|---|---|---|---|
| 1.3907 | 1.3972 | 1.4034 | 1.4093 | 1.4148 | 1.4201 | 1.4251 |

Columns 36 through 41

|  |  |  |  |  |  |
|---|---|---|---|---|---|
| 1.4298 | 1.4343 | 1.4385 | 1.4425 | 1.4463 | 1.4499 |

### 5.5.2　自己练

1. 给出 10 个学生的考试成绩，如表 5-7 所示。

表 5-7　考试成绩

| 学生姓名 | 数　学 | 语　文 | 外　语 | 计　算　机 | 体　育 |
|---|---|---|---|---|---|
| 丁松 | 90 | 98 | 86 | 81 | 90 |
| 于爱迪 | 92 | 99 | 91 | 90 | 90 |
| 王学明 | 97 | 94 | 80 | 85 | 95 |
| 田宇 | 67 | 72 | 77 | 88 | 90 |
| 徐皓 | 73 | 83 | 82 | 78 | 90 |
| 程琳琳 | 39 | 67 | 72 | 72 | 80 |
| 张丽 | 92 | 88 | 81 | 92 | 90 |
| 杨天琳 | 88 | 67 | 82 | 90 | 85 |
| 梅思奇 | 85 | 89 | 78 | 85 | 80 |
| 翟莉莉 | 78 | 75 | 85 | 77 | 95 |

求：（1）各科成绩总分。

（2）各科成绩最高分。

（3）各学生成绩总分。

（4）各科成绩的标准差。

2. 有 3 个多项式 $P_1(x) = x^4 + 2x^3 + 4x^2 + 5$，$P_2(x) = x + 2$，$P_3(x) = x^2 + 2x + 3$，进行下

列操作：

（1）求 $P(x) = P_1(x) + P_2(x) P_3(x)$

（2）求 $P(x) = 0$ 的根。

3. 求微分方程 $\begin{cases} 5\dfrac{\mathrm{d}y}{\mathrm{d}x} + y = 1 \\ y(0) = 2 \end{cases}$ 在 $[-1, 1]$ 的数值解。

4. 在给定的初值 $x(0) = 1$，$y(0) = 1$，$z(0) = 1$ 下，求方程组 $\begin{cases} \sin x + y^2 + \ln z - 7 = 0 \\ 3x + 2y - z^3 + 1 = 0 \\ x + y + z - 5 = 0 \end{cases}$ 的数值解。

5. 求下列函数在指定区间的极小值。

（1）$f(x) = \dfrac{1 + x^2}{1 + x^4}$，$x \in (0, 2)$

（2）$f(x) = \sin x + \cos x^2$，$x \in (0, \boldsymbol{\pi})$

6. 求下列多项式的根与导数：

（1）$f(x) = x^3 - 2x - 5$　　（2）$f(x) = x^4 + 5x^3 + 5x^2 - 5x - 6$。

7. 求函数 $f(x) = x^2 - 4x + 3$ 在 $x = [-2, 2]$ 的极小值和 $x = -2$ 附近的零点。

8. 已知正弦函数如表 5-8 所示。

表 5-8　正弦函数值

| X | 21° | 22° | 23° | 24° |
|---|---|---|---|---|
| Y | 0.35537 | 0.37461 | 0.39073 | 0.40674 |

求 $\sin 21°30'$ 的近似值。

## 5.6　习题

1. 用 MATLAB 提供的 randn 函数生成符合正态分布的 $10 \times 5$ 随机矩阵 $A$，进行如下操作：

（1）$A$ 矩阵各列元素的均值和方差。

（2）$A$ 矩阵的最大元素和最小元素。

（3）分别对 $A$ 矩阵的每列元素按升序、每行元素按降序排序。

2. 将 5 个学生 5 门功课的成绩存入矩阵 $P$ 中，进行如下处理：

（1）分别求每门课的最高分、最低分，以及相应的学生序号。

（2）分别求每门课的平均分和标准方差。

（3）5 门课总分的最高分、最低分，以及相应学生序号。

（4）将 5 门课按总分从大到小顺序存入 zcj 中，相应学生序号存入 xzcj。

3. 已知多项式 $P_1(x) = 3x + 2$，$P_2(x) = 5x^2 - x + 2$，$P_3(x) = x^2 - 0.5$，求：

（1）$P(x) = P_1(x) P_2(x) P_3(x)$

（2）$P(x) = 0$ 的全部根。

4. 求下列多项式 $f(x) = 0$ 时的根。

(1) $f(x) = x^3 - 2x^2 - 5$

(2) $f(x) = x^3 + 2x^2 + 10x - 20$

5. 求函数 $f(x) = 2x^2 - 6$ 在 $x = [-4, 3]$ 的极小值和 $x = -2$ 附近的零点。

6. 求下列微分方程在 $[1, 3]$ 的数值解：

(1) $\begin{cases} \dfrac{dy}{dx} - 2x = \dfrac{2x}{y} \\ y(0) = 2 \end{cases}$ (2) $\begin{cases} -5\dfrac{dy}{dx} + y = 0 \\ y(0) = 3 \end{cases}$

7. 随机地从一批铁钉中抽取 20 枚，测得铁钉长度如表 5-9 所示。

表 5-9 铁钉长度 （单位：cm）

| 样品长度 | 2.14 | 2.10 | 2.13 | 2.15 | 2.13 | 2.12 | 2.10 | 2.14 | 2.17 | 2.15 |
|---|---|---|---|---|---|---|---|---|---|---|
| 样品长度 | 2.15 | 2.12 | 2.14 | 2.11 | 2.10 | 2.16 | 2.09 | 2.13 | 2.08 | 2.14 |

求样本均值、样本方差、样本标准差、样本中值和极差。

8. 检测一批大米样品的垩白粒率和垩白度，分别使用机器自动检测和人工目测，得到的数据对照表如表 5-10 所示。

表 5-10 自动检测和人工目测数据对照表

| 检测项目 | 方法 | 样品1 | 样品2 | 样品3 | 样品4 | 样品5 | 样品6 | 样品7 | 样品8 |
|---|---|---|---|---|---|---|---|---|---|
| 垩白粒率 | 自动 | 30 | 25 | 33 | 30 | 30 | 29 | 28 | 36 |
| | 人工 | 30 | 25 | 32 | 29 | 28 | 28 | 27 | 34 |
| 垩白度 | 自动 | 12.4 | 11 | 12.9 | 13 | 12 | 11.3 | 11.6 | 15.7 |
| | 人工 | 11.6 | 10 | 13.2 | 12 | 11 | 10.6 | 10.6 | 14.5 |

计算两种检测方法的相关系数，说明能否用机器检测代替人工目测。

9. 化工生产中，常常需要知道丙烷在各种温度 $T$ 和压强 $p$ 下的导热系数 $K$。实验得到的一组数据如表 5-11 所示。

表 5-11 温度、压强和导热系数的关系

| 温度 $T/K$ | 压强 $p/(N/m^2)$ | 导热系数 $K$ | 温度 $T/K$ | 压强 $p/(N/m^2)$ | 导热系数 $K$ |
|---|---|---|---|---|---|
| 340 | $3.324 \times 10^6$ | 0.0848 | 360 | $1.3355 \times 10^7$ | 0.0695 |
| 340 | $9.0078 \times 10^6$ | 0.0895 | 380 | $3.324 \times 10^6$ | 0.0770 |
| 340 | $1.3355 \times 10^7$ | 0.0761 | 380 | $9.0078 \times 10^6$ | 0.0625 |
| 360 | $3.324 \times 10^6$ | 0.0810 | 380 | $1.3355 \times 10^7$ | 0.0652 |
| 360 | $9.0078 \times 10^6$ | 0.0741 | | | |

计算在 $T = 370$ K 和 $p = 1.02 \times 10^7$ N/m$^2$ 下的导热系数 $K$（提示：利用二维插值函数）。

# 第6章 图形用户界面

## 本章要点

- GUI 开发工具
- 图形对象句柄的使用
- 控件、菜单和对话框的应用
- 图形用户界面的设计过程

## 6.1 认识 GUI

GUI（Graphical User Interfaces）是由窗口、图标、菜单、文本和按钮等图形对象构成的用户界面。用户通过一定的方法（如鼠标或键盘）选择、激活这些图形对象，使计算机产生某种动作或变化，实现计算、绘图等功能，其目的是让使用者了解软件产品，学会如何使用软件，GUI 相当于软件开发者与使用者之间交流的桥梁。MATLAB 为表现其功能而设计的演示程序 demo，就是了解和使用 GUI 的最好范例。

### 6.1.1 GUI 开发环境

GUI 开发环境（GUIDE）提供了版面设计器、属性编辑器、菜单编辑器、几何排列工具、对象浏览器、Tab 顺序编辑器和 M 文件编辑器等工具，极大地简化了 GUI 的设计和生成过程。

**1. 启动 GUIDE**

在命令行窗口输入"guide"后，按〈Enter〉键。弹出"GUIDE 快速入门"对话框，如图 6-1 所示。

"GUIDE 快速入门"对话框由"新建 GUI"和"打开现有 GUI"两个选项卡组成。

1）"新建 GUI"选项卡包含 4 个初始化设计模板：

- Blank GUI（Default）创建一个空白的 GUI（系统默认的）。
- GUI with Uicontrols 创建一个带有控制组件的 GUI。
- GUI with Axes and Menu 创建一个带有轴对象和菜单的 GUI。
- Modal Question Dialog 创建一个问题对话框。

2）"打开现有 GUI"选项卡含有一个"最近打开的文件"选择框，用户可以从中选择要打开的文件。

**2. 创建 GUI**

选择"Blank GUI（Default）"模板，单击"确定"按钮，打开 GUI 设计窗口。单击设计窗口"文件"→"预设"选项，打开"预设项"对话框，勾选"在组件选项板中显示名

图 6-1 "GUIDE 快速入门"对话框

称"选项,可以在组件面板中显示控件名称。设置后的 GUI 设计窗口如图 6-2 所示。

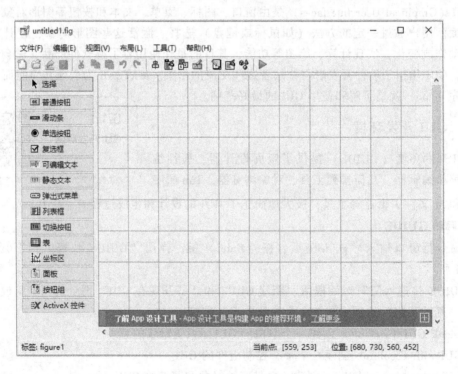

图 6-2 GUI 设计窗口

**注意**:选择不同的设计模板,版面设计窗口是不同的,如何选择取决于设计的需要。

**3. 运行和保存 GUI**

设计窗口的右边为版面设计区,向版面设计区添加控件,可以用鼠标从组件面板拖动来完成。版面设计完成后,单击工具栏的"运行"按钮 ▷ 即可运行 GUI。

首次运行 GUI 时,系统会提示存盘。存盘完成后,系统会打开运行界面窗口和 M 文件编辑窗口，同时生成两个文件：一个是 fig 文件，包含对 GUI 及其组件的完整描述；另一个是 M 文件，包含 GUI 的程序代码和组件回调事件代码。

### 6.1.2 GUI 设计规范

GUI 的目的是方便用户使用软件。设计 GUI 时，应力求简洁、清晰地反映软件的功能和特征，设计的关键是使用户与计算机之间能够准确地交流信息。一方面，用户向计算机输入信息时，应当尽力采取自然简单的方式；另一方面，计算机向用户传递的信息必须准确，不致引起误解或混乱，不要把内部的处理、加工与 GUI 界面混在一起，以免相互干扰，影响速度，甚至影响认知。

**1. 界面一致性**

界面一致性包括使用标准的控件，使用相同的信息表现方法，如在显示信息、标签风格、背景颜色、字体等方面确保一致。绝大多数用户对 Windows 标准界面都有一定的感性认识，不需要进行过多说明就能够了解。

（1）显示信息

在同一个 GUI 应用中，信息表现方式不一致会分散用户的注意力，影响软件的使用和表现力，因此开发者应当注意标签提示、日期、对齐方法、字体、背景等信息的表达方式。

（2）桌面布局

屏幕对角线相交的位置是用户直视的地方，其正上方 1/4 处是容易引起用户注意的位置，在放置窗体时要注意利用这两个位置。界面大小应该适合美学观点，感觉协调舒适，能在有效的范围内吸引用户的注意力。

**2. 界面易用性**

设计界面时，应力求简洁清晰地反映界面的功能和特征。对于一些相对固定的数据，不应让用户多次输入（特别是汉字），而应该能够使用鼠标选择。组件名称应该易懂，用词准确，不要使用模棱两可的字眼，要与同一界面上的其他组件便于区分，能望文知义最好。理想的情况是用户不用查阅帮助就能知道该软件的功能，并进行相关的正确操作。

**3. 界面规范性**

通常软件界面是按 Windows 界面的规范来设计的，即包含菜单栏、工具栏、按钮及鼠标右键快捷菜单等标准格式。软件界面设计遵循规范化的程度越高，软件的易用性就越好。

## 6.2 GUI 常用工具

GUI 常用工具包括控件、排列工具及对象属性检查器等，主要用于图形界面的编辑、开发工作。

### 6.2.1 控件

控件是一个独立的小部件，也是一个窗口，在与用户的交流过程中担任主要角色，可解决大部分输入界面设计的要求，提高应用程序的表现力。控件的外观和功能由其

6.2.1
控件

属性决定，双击某个控件即可打开其属性设置对话框，不同控件的属性也不完全相同。下面介绍一些常用控件。

（1）普通按钮

普通按钮是一个矩形的凸出对象。在普通按钮上标有一个字符串，用于标识普通按钮。单击普通按钮，按钮会凹下，并产生相应的动作（执行一个程序或命令），当松开鼠标后，普通按钮又会弹起。

（2）滑动条

滑动条由 3 部分组成，分别是滑动槽、滑动槽内的滑块和滑动槽两端的箭头。用鼠标拖动滑块、单击滑动槽两端的箭头都可以改变滑块的位置，滑块的位置表示滑动条的当前值。用户可以设置滑动条的最小值、最大值与当前值。

（3）单选按钮

单选按钮有一个标志文本，在标志文本的左边有一个小圆圈，当选中按钮时，小圆圈内有一个黑点，当没有选中时，小圆圈为空。用鼠标单击单选按钮，使按钮在"选中"与"不选中"两种状态间进行切换，这对于用户进行功能互斥的选择是很有用的。

（4）复选框

复选框有一个标志文本，在标志文本的左边有一个小方框，可以使用鼠标单击小方框，使复选框在"选中"与"不选中"两种状态间进行切换。当选中时，复选框的小方框内会有一个√，当没有选中时，复选框的小方框内为空。当需要向用户提供多个互相独立的选项时，可以使用复选框。

（5）可编辑文本

使用可编辑文本，用户能够交互地输入或修改已经存在的文本，这与文本编辑器的功能是一样的。可编辑文本可以是单行或多行文本模式。

（6）静态文本

静态文本用于显示文本字符串。静态文本通常用于显示别的控件的有关信息。例如，与滑动条相连，可以在静态文本框中显示滑动条的取值范围。与可编辑文本不同，用户不能交互地改变静态文本框中的内容。

（7）弹出式菜单

弹出式菜单有一个显示信息的框，框的右边有一个下拉式箭头。单击下拉箭头，就会显示一个列表，当没有打开列表时，信息框内显示的是当前选择的表项。当打开列表，从中选择一个选项并单击后，该选项就会出现在信息显示框内。弹出式菜单没有多选功能，对于用户进行大量的互斥选择是很有用的，如果不用弹出式菜单，那么就必须设置大量互斥的单选按钮。

（8）列表框

用于向用户显示一个或多个选项，用户可以选择一个或多个列表项。与弹出式菜单功能相同，但选项多时，占用的空间位置较大。

（9）切换按钮

切换按钮与普通按钮在外观上非常相似，不同的是用鼠标单击切换按钮并松开后，切换按钮不会弹起，再单击一次，才会弹起，这可以表明切换按钮的所处状态。切换按钮的"按下"和"弹起"可执行不同的动作，在进行工具栏设计时，切换按钮是非常有用的。

（10）表

在设计窗口建立一个表格，使用 MATLAB 工作区中的数据，也可以和 EXCEL 电子表格联合使用。

（11）坐标区

在设计窗口建立一个具有坐标区的绘图区域，用于绘制或显示图形。

（12）面板

面板用于控件的分组管理和显示，可以将一组类似的控件围在一个方框内，使界面显示整齐。移动面板时，面板内的控件会随着移动。使用时，先将面板拖动到设计窗口，再向里面拖动控件，以免控件被面板遮住显示不出来。

（13）按钮组

按钮组类似于面板，但按钮组只包括单选按钮或者切换按钮。按钮组中的多个单选按钮之间具有互斥性，但与按钮组外的单选按钮无关。

（14）ActiveX 控件

MATLAB 7.0 新增加的控件，用来调用外部控件，例如调用 VB、VC 中常用的一些控件。这个控件使得用 GUI 进行界面制作变得更有价值。

## 6.2.2 排列工具

图 6-3 "对齐对象"对话框

排列工具的作用是对选定的两个或两个以上的控件进行水平排列、垂直排列和均匀分布。单击 GUI 设计窗口工具栏上的 串 按钮，或者单击"工具"→"对齐对象"菜单，都可以打开"对齐对象"对话框，如图 6-3 所示。

排列工具对话框的第一栏是水平方向的位置调整，其中第一排是按照上边缘、中心和下边缘对齐，第二排是几种分散对齐；第二栏是垂直方向的位置调整，其中第一排是按照左边、中心和右边对齐，第二排也是几种分散对齐。选中组件对齐时，每次只能对齐一个方向，例如选择垂直方向对齐，水平方向就不要选择对齐方式；选择水平方向对齐，垂直方向就不要选择对齐方式，否则组件会重叠。

## 6.2.3 对象属性检查器

利用对象属性检查器，用户可以查看每个对象的属性值，也可以修改、设置对象的属性值。选中某个控件，单击 GUI 设计窗口工具栏上"属性"按钮📋；单击"视图"→"属性检查器"菜单；或直接双击控件，都可以打开对象属性检查器。例如双击"普通按钮"控件，打开的"属性检查器"如图 6-4 所示。

不同控件的属性列表不完全相同，但多数属性是通用的。在 GUI 设计中，很多属性不需要设置，取系统默认值即可。属性检查器按属性的字母顺序排列，下面将常用属

6.2.3
对象属性检查器

性分类进行说明。

**1. 外观及风格控制类**

1）BackgroundColor：用于设置控件的背景颜色，默认值是系统定义的颜色。通过颜色设置对话框选择颜色。

2）ForegroundColor：用于设置控件的前景颜色，即控件上显示文本的颜色，默认值是系统定义的颜色。通过颜色设置对话框选择颜色。

3）Visible：属性取值可以是 on 或 off，on 是默认值。用于设置控件是否可见。

4）Position：用于确定控件在图形窗口中的位置以及控件的大小。

5）Units：设置控件的位置及大小的计量单位。

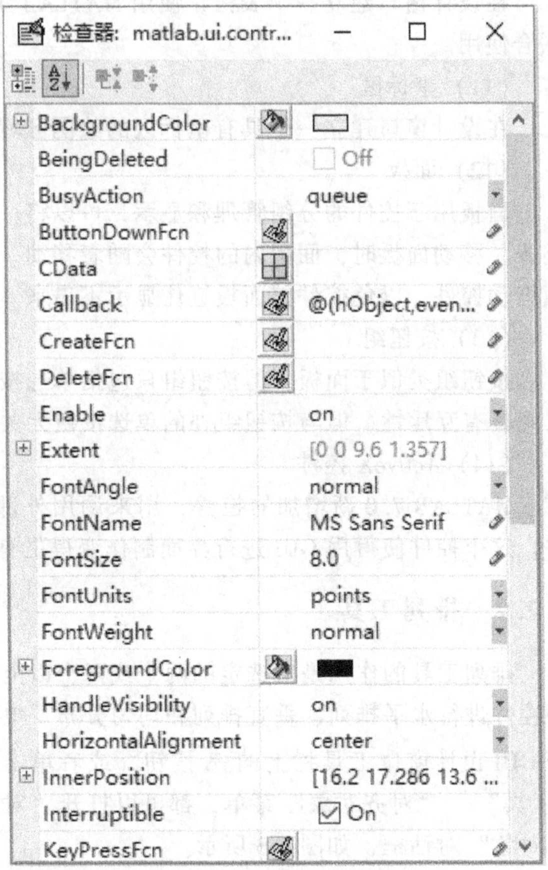

**2. 常规信息类**

1）Enable：用于决定鼠标单击控件时控件的反应情况，有 on、off 和 inactive 3 种取值。on 是默认值，表示控件是可用的；off 表示控件不可用，而且控件外表看起来是灰色的；inactive 也表示控件不可用，但控件外表与 on 是一样的。

图 6-4 普通按钮的属性检查器

2）Style：用于设置控件的类型。

3）Tag：属性取值是一个字符串，用于标记控件的名称，以便在程序设计时找到该控件，在一个程序中，控件的属性值是唯一的。

4）TooltipString：属性取值是一个字符串，用于提示信息显示。当鼠标移到控件上时，就会显示定义的字符串。

5）FontName：用于设置文字的字体，默认值是系统定义的字体。属性取值是一个字符串，设置时可直接输入用户计算机支持的字体，例如宋体、黑体等。

6）FontSize：用于设置文字的字号，默认值是 8.0。

7）FontUnits：用于设置字号的单位，默认值是 points（点）。

**3. 回调函数类**

回调函数是指在控件定义的事件发生时，将自动调用定义的函数。使用回调函数，程序的控制流程不再由预定的发生顺序来决定，而是由实际运行时各种事件的实际发生来触发，而事件的发生可能是随机的、不确定的，并没有预定的顺序，对于需要用户交互的应用程序来说，回调函数是必不可少的。

1）BusyAction：处理回调函数的中断。属性取值有两个选项：cancel 取消中断事件，queue 事件排队（默认设置）。

2）ButtonDownFcn：用于定义鼠标在距离控件 5 个像素范围内单击时执行的函数。属性取值是一个字符串，可以是一个有效的 MATLAB 表达式或 M 文件名，用来表示要执行的函数。

3）Callback：是图形界面设计中最重要的属性之一，用于连接图形界面和整个程序系统。属性取值是一个可以直接求值的字符串，在该对象被选中和改变时，系统将自动对字符串进行求值，执行该字符串所定义的函数。

4）CreateFcn：用于定义创建控件时执行的回调函数。

5）DeleteFcn：用于定义删除控件时执行的回调函数。

6）Interruptibie：属性取值为 on 或 off，用于定义当前的回调函数在执行时是否允许被中断。

**4. 当前状态信息属性**

1）String：属性取值是一个字符串，用于设置控件上显示的文本。对于核选框、可编辑文本框、静态文本、命令按钮、单选按钮和开关按钮，文本显示在控件界面上；对于列表框和弹出式菜单，文本显示在控件的列表选项中，被选中选项的索引号赋值给 Value 属性。

2）Min：属性取值是一个标量，与 Max 属性配合使用，默认为 0。

3）Max：属性取值是一个标量，与 Min 属性配合使用，默认为 1。对于可编辑文本框控件，如果 Max 与 Min 之差大于 1，那么可编辑文本框可以进行多行输入，否则只能单行输入。对于滑动条控件，Max 与 Min 表示滑动条的取值范围。

4）Value：属性取值是一个标量或矢量，决定控件的当前值，在不同的控件类型中，该属性的意义不同。对于核选框、单选按钮和普通按钮控件，当控件被选中时，Value 属性值为 Max 的属性值，没有被选中时，属性值为 Min 属性值；对于开关按钮控件，当按钮按下时，Value 属性值为 Max 的属性值，按钮弹起时，属性值为 Min 属性值；对于列表框或弹出式菜单控件，Value 属性为选中列表项的索引号，位于列表最上端的选项索引号为 1，其次为 2，以此类推；对于滑动条控件，Value 属性值为滑槽内滑块的当前值（表示滑块的位置）；对于可编辑文本框、静态文本框和坐标轴等类型的控件，Value 属性没有意义。

5）UIContextMenu：属性默认取值是 None，如果设置成一个 Context Menu（上下文菜单）的标记（即菜单属性 tag 中的字符串），则将控件与菜单联系起来。当用鼠标右键单击该控件时，就会弹出与之联系的 Context Menu 菜单。

### 6.2.4　图形窗口的属性

图形窗口具有一般窗口对象的共同属性，包括图形类型、是否可视、能否剪辑及中断允许等。在 GUI 设计窗口的编辑区，双击鼠标（不要选择任何控件），就可以打开图形窗口的属性列表。图形窗口对象的常用属性如下。

6.2.4
图形窗口的属性

（1）Color 属性

Color 属性是图形背景颜色，其属性可通过颜色设置对话框设置。

（2）MenuBar 属性

MenuBar 属性是是否在图形窗口的顶部显示图形菜单栏。可选择 figure（图形窗口标准菜单）或 none（不加入标准菜单）选项，默认值为 none。如果用户选择了 figure 选项，则该窗口将保持图形窗口标准菜单项，同时用户又加入了自己的菜单项，用户菜单显示在标准菜单的右侧；如果用户选择 none 选项，则只显示用户定义菜单。

（3）Name 属性

Name 属性是设置图形窗口的显示标题（不是坐标轴的标题）。默认值是空字符串，如设为 Exam（字符串），窗口标题变为：Exam。

（4）NumberTitle 属性

NumberTitle 属性是在图形标题中是否加入图形编号，其属性值可选择 on 或 off，默认值为 off。如果选择了 on 则会自动在每个图形窗口标题栏内加入图形编号。

（5）Units 属性

Units 属性是设置图形大小和位置的计量单位。用户可选择 pixels（像素点）、normalized（归一化）、inches（英寸）、points（点）、centimeters（厘米）、characters（字符）等，默认值为 characters，Units 属性将影响到一切定义大小的属性值。其中 pixels 为相对单位，图形在不同型号的显示器显示时，大小可能会发生变化；inches、centimeters 为绝对单位，图形在不同型号的显示器显示时，大小不会发生变化；normalized 定义图形窗口左下角为（0，0），右上角为（1，1），将度量单位转化为 [0，1] 区间的数字值；characters 是应用于字符的单位，高度是两行文本基线之间的距离，宽度相当于字母 x 的宽度。

（6）Position 属性

Position 属性是设置图形显示的大小和位置。其属性值为一个 1 行 4 列的矢量，前两个值代表左下角的坐标值，后两个分别表示窗口的宽度和高度，单位由 Units 属性指定。

（7）Resize 属性

Resize 属性是能否改变窗口图形的大小。有两个值可供选择：on（可以改变）或 off（不可以改变），默认值为 off。

（8）Visible 属性

Visible 属性是能否显示图形。有两个值可供选择：on（可以）或 off（不可以），默认值为 on。

（9）回调函数

图形窗口对象的回调函数非常丰富，可完成复杂的图形界面功能设计。下面列出一些常用的回调函数。

1）BusyAction：处理中断事件的方式，默认 queue 排队，cancel 取消中断事件。

2）ButtonDownFcn：按下窗口界面上的按钮时执行的函数。

3）Callback：回调函数，对象被选中时执行的函数。

4）CreateFcn：产生图形对象的处理函数。

5）KeypressFcn：在键盘按下时执行的函数。

6）DeleteFcn：删除图形对象时执行的函数。

7）ResizeFcn：图形窗口大小改变时执行的函数。

8）WindowButtonDownFcn：在图形窗口中单击鼠标时执行的函数。

9）WindowButtonMotionFcn：在图形窗口中移动鼠标时执行的函数。

这些属性所对应的属性值是 M 文件名或函数名，一旦图形窗口接收到用户的输入信息（消息），将执行相应的程序或函数。

【例 6-1】 编写一个三维图形的演示程序，可以用鼠标控制图形进行三维旋转，如图

6-5 所示。

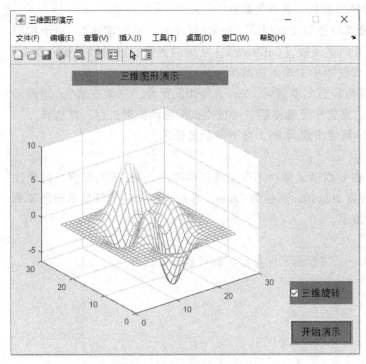

图6-5
三维图形的
演示程序

图 6-5　三维图形的演示程序

（1）创建 GUI

在命令行窗口输入"guide"后，按〈Enter〉键。在弹出的"GUIDE 快速入门"对话框，选择 Blank GUI（Default）模板，单击"确定"按钮，打开 GUI 设计窗口。

（2）添加控件

用鼠标从 GUI 设计窗口的组件面板中拖动坐标区、静态文本、复选框和普通按钮控件，添加到版面设计区。其中坐标区控件用于显示图形，放在图形窗口的中部，在不影响其他控件位置的情况下尽量拉大坐标区的显示空间；静态文本控件用于显示标题，放在图形窗口的上方，并适当扩大；复选框用于选择图形的三维旋转功能，考虑整体效果，复选框放在普通按钮的附近；普通按钮作为图形演示的启动按钮，按照习惯放在图形窗口的右下角。

（3）排列控件

选中控件（两个或两个以上），使用几何位置排列工具，先对控件的垂直位置进行适当排列，再对控件的水平位置进行适当排列。注意：对垂直和水平位置同时排列，会造成控件重叠。

（4）设置控件属性

双击需要设置属性的控件，打开对象属性检查器。设置如下：

1）静态文本的属性：首先输入文字，单击 String 右侧的属性值区域，输入标题内容"三维图形演示"。如果输入的内容较多，可单击中间的文本框图标，可打开一个文本输入窗口。其次设置文字字体，单击 FontName 右侧的输入区，输入"黑体"；还要设置字号，单击 FontSize 右侧的输入区，将标题字体的尺寸定义为 12；最后设置字体颜色，单击 Fore-

GroundColor 行上的调色板图标，打开调色板，选择颜色，也可在调色板中通过滑动条选择 R、G、B 三个颜色值，本例中选择为蓝色。其他为默认。

2）普通按钮的属性：外观设置与静态文本相同，String 属性为"开始演示"。由于按钮是响应事件的动作控件，需要定义回调函数（CallBack），在回调函数右边的区域输入命令：mesh（peaks（25））。注意：不要使用中文输入法的括号。

3）复选框的属性：外观设置与静态文本相同，String 属性设置为"三维旋转"。回调函数（CallBack）定义为：rotate3d。当选中复选框后，可以用鼠标拖动图形进行三维旋转。

4）坐标区的属性：将 Visible 属性设置为 off，可不显示坐标区。

（5）设置图形窗口属性

在 GUI 设计窗口编辑区的空白处双击鼠标（不要选择任何控件），打开图形窗口的属性列表。设置 Color 属性为黄色；设置 MenuBar 属性为 figure，在图形窗口的顶部显示图形菜单栏；设置 Name 属性为 三维图形演示。

（6）保存并运行 GUI

单击工具栏的"运行"按钮 ►，按照提示保存后，即可运行 GUI。

# 6.3 菜单和对话框

## 6.3.1 图形对象句柄函数

句柄是某个图形对象的记号，MATLAB 给图形中的每个对象都指定了句柄，利用句柄可以获取或修改一个图形对象的属性。每个图形可以有 4 种对象：菜单、控件、坐标轴和右键快捷菜单。

### 1. 图形对象句柄函数

MATLAB 提供了专门函数用于获得已经存在的图形对象句柄，获得的句柄既可以赋值给某一变量，也可以直接作为其他函数的输入变量使用，如表 6-1 所示。

表 6-1 图形对象句柄函数

| 函数名称 | 说　明 | 函数名称 | 说　明 |
|---|---|---|---|
| gcf | 当前图形窗口的句柄 | gco | 当前对象的句柄 |
| gca | 当前坐标区或图的句柄 | gcbf | 正在执行其回调的对象的图形窗口句柄 |
| gcbo | 正在执行其回调的图形对象的句柄 | | |

另外，如果将 plot、text、mesh、surf 等绘图函数赋值给一个变量，执行该绘图函数后，该变量就成为此图形的句柄。例如：

```
>> h=plot（1：40）
h =
    176.0056                    %句柄值
```

### 2. 对象属性函数

所有对象都有属性定义其特征，属性可以决定对象的显示方式、位置、颜色、字体、类

126

型等内容，不同的图形对象有不同的属性，图形对象属性函数如表 6-2 所示。

表 6-2　图形对象属性函数

| 函数名称 | 函数格式 | 说明 |
|---|---|---|
| delete | delete(h) | 删除句柄所对应的图形对象。h 为对象句柄 |
| | delete(gca) | 删除图形对象中的坐标轴 |
| | delete(gcf) | 删除图形对象 |
| findobj | h = findobj('ProperName','P') | 查找具有某种属性的图形对象句柄。ProperName 为对象的某一个属性（通常使用 tag），P 为该属性的属性值，h 为得到的句柄 |
| get | PropertyValue = get(handle,'Name') | 获取指定图形对象某个指定属性的属性值。其中 handle 为图形对象的句柄，Name 为某个属性名称，PropertyValue 为返回的属性值 |
| set | set(handle) | 显示指定图形对象所有可设置的属性名称及其可能取值。handle 为图形对象的句柄 |
| | P = set(handle,'ProperName') | 显示指定图形对象某个属性的取值。handle 为图形对象的句柄，ProperName 为属性，P 为返回的属性值 |
| | set(handle,'Name1',Value1,'Name2',Value2,'Name3',Value3,...) | 设置指定图形对象的某个属性。handle 为图形对象的句柄，Name1 为某个属性，Value1 为设置的属性值，其他参数相同 |

【例 6-2】　利用 plot 函数画出一条直线，查看其属性并修改。

```
clear
h = plot (1: 40);                %画出一条直线
h1 = get (h,'LineStyle')         %查看其线型属性
set (h,'LineStyle','--')         %修改线型为虚线
set (h,'Color','r')              %修改颜色为红色
set (h,'LineWidth', 8)           %修改线宽为 8 磅
```

程序运行结果如图 6-6 所示。

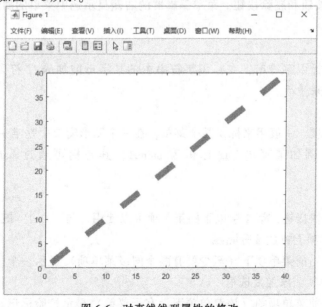

图 6-6　对直线线型属性的修改

### 6.3.2 菜单

在 GUIDE 窗口中，单击"工具"→"菜单编辑器"菜单，或者单击工具栏中的"菜单编辑器"按钮🖹，都能够打开菜单编辑器。菜单编辑器包括"菜单栏"和"上下文菜单"两个选项卡，分别用于创建菜单栏和上下文菜单。在打开的菜单编辑器中，单击"新建菜单"按钮🖹，然后单击"Untitled1"菜单项，如图 6-7 所示。

图 6-7　菜单编辑器

菜单编辑器按钮栏包含新建菜单按钮、新建菜单项（子菜单）按钮、上下文菜单按钮、4 个移动菜单位置按钮和删除按钮。菜单编辑器的右侧显示选中菜单的属性。

**1. 菜单属性**

（1）文本

显示菜单项的标识字符串，在标识字符串中的某字母前加 & 字符则定义一个快捷键，由〈Alt+该字符〉来激活。

（2）标记

菜单项的标识项。一般用来标识某个菜单，在一个图形窗口中是唯一的，菜单的句柄能够利用 Tag 获取。例如某菜单 Tag 标识为 menu1，其句柄可通过 handle = findobj（tag，'menu1'）获得。

（3）快捷键

定义菜单项的快捷键，第 2 层以下的菜单项可以使用，与〈Ctrl〉键组合使用。

（4）在此菜单项上方放置分隔线

勾选后，可在当前菜单项下（至少要有两个同级菜单项）显示一个分隔线。

（5）在此菜单项前添加复选框

勾选后，在当前菜单项前（该菜单项下没有子菜单）显示校验标记。

（6）启用此项

设置菜单项使能状态，勾选后激活此项功能。

（7）MenuSelectedFcn 输入框

设置菜单回调函数，可以直接输入字符串或用"查看"按钮打开 M 文件编辑器来编辑回调函数。

（8）更多属性

设置菜单属性。单击该按钮，可打开菜单的属性设置检查器。

**2. 上下文菜单**

"上下文菜单"选项卡用于创建弹出式菜单，多数是用鼠标右键单击某个图形对象时，在屏幕上弹出的菜单。这种菜单出现的位置是不固定的，而且总是和某个图形对象的 UIContextMenu 属性相联系。用户可先创建上下文菜单，再将图形对象的 UIContextMenu 属性设置为菜单的标记。

另外，用户也可以使用图形窗口标准菜单。在 GUI 设计窗口编辑区的空白处双击鼠标（不要选择任何控件），打开图形窗口的属性列表，设置 Menu Bar 属性为 figure 即可。

【例 6-3】 制作一个下拉式菜单 Color，包含两个子菜单 Red 和 Blue，能够使图形窗口背景设置为红色或蓝色。

1）在命令行窗口输入"guide"后，按〈Enter〉键。在弹出的"GUIDE 快速入门"对话框，选择 Blank GUI（Default）模板，单击"确定"按钮，打开 GUI 设计窗口。

2）单击"工具栏菜单编辑器"按钮，打开菜单编辑器窗口，进入"菜单栏"编辑区，添加一个下拉式菜单 Color，在其下建立两个子菜单 Red 和 Blue。

3）在 Color 菜单的"文本"和"标记"文本框中输入 Color；在 Red 菜单的"文本"和"标记"文本框中输入 Red；在 Blue 菜单的"文本"和"标记"文本框中输入 Blue；

4）在 Red 菜单的 MenuSelectedFcn 输入框中输入 set（gcf,'color','r'）；在 Blue 菜单的 MenuSelectedFcn 输入框中输入 set（gcf,'color','b'）；

5）运行设计好的 GUI，生成图形窗口，通过菜单改变窗口的颜色。如图 6-8 所示。

图6-8
下拉式菜单

图 6-8　下拉式菜单

### 6.3.3　对话框

对话框是信息显示和获取用户输入数据的图形界面对象，可以使应用程序界面友好、使用方便。MATLAB 提供两类对话框，一类是公用对话框，另一类是专用对话框。

#### 1. 公用对话框

公用对话框包括文件打开、文件保存、颜色设置、字体设置和打印对话框等，这些对话框均由 Windows 平台支持，实现函数如表 6-3 所示。

表 6-3　公用对话框函数

| 函数功能 | 函 数 格 式 | 说　明 | 用 法 举 例 |
|---|---|---|---|
| 打开文件 | fname＝uigetfile | 列出当前目录下 MATLAB 能识别的所有文件，fname 为返回选定的文件名 | fname ＝uigetfile |
|  | uigetfile('FilterSpec','DTitle') | 列出当前目录下由参数 Filter-Spec 指定类型的文件，DTitle 为打开对话框的标题 | uigetfile('＊.m','打开 M 文件') |
| 保存文件 | ［F, P］＝ uiputfile ('InitFile','DTitle') | 显示用于保存文件的对话框，InitFile 为保存类型，DTitle 为对话框的标题。F 为返回的文件名，P 为文件路径。F,P 可默认 | uiputfile('＊.fig','保存图形文件') |
| 颜色设置 | uisetcolor(h,'DTitle') | 设置图形对象的颜色。h 为图形对象句柄，DTitle 为打开的"颜色"对话框标题 | h＝title('坐标图形')uisetcolor(h,'设置标题颜色') |
| 字体设置 | uisetfont(h,'DTitle') | 设置文本字符串、坐标轴或控件的字体。参数同颜色设置 | h＝title('坐标图形')uisetfont(h,'设置标题字体') |
| 打印预览 | printpreview | 当前图形窗口的"打印预览"对话框 | plot(1:10)printpreview |
| 打印设置 | printdlg | 当前图形窗口的"打印"对话框 | printdlg |

#### 2. 专用对话框

MATLAB 提供的专用对话框主要有帮助、错误信息、信息提示、问题提示、警告信息、进程条和变量输入等对话框。专用对话框函数如表 6-4 所示。

表 6-4　专用对话框函数

| 函数功能 | 函 数 格 式 | 说　明 | 用 法 举 例 |
|---|---|---|---|
| 帮助 | helpdlg('string','DTitle') | 显示帮助信息对话框。参数 string 为信息对话框，参数 DTitle 为对话框标题 | helpdlg('矩阵尺寸必须相同','在线帮助') |
| 错误信息 | errordlg('string','DTitle') | 显示错误信息对话框。参数同帮助对话框 | errordlg('输入错误','错误信息') |
| 信息提示 | msgbox('string','DTitle','icon') | 显示信息提示对话框。参数 icon 用于指定图标，有 none（默认，无图标）、error＿help、warn、custom（用户自定义）4 种 | msgbox('通过键盘输入','信息提示') |

| 函数功能 | 函数格式 | 说　明 | 用法举例 |
|---|---|---|---|
| 问题提示 | questdlg（'string'，'DTitle'，'str1'，'str2'，'str3'，'default'） | 显示问题提示对话框。参数str1、str2、str3代表3个按钮，default必须是这3个按钮中的一个，表示默认选项 | questdlg（'继续运行吗?'，'问题提示'，'是'，'否'，'帮助'，'否'） |
| 警告信息 | warndlg（'string'，'DTitle'） | 显示警告信息对话框 | warndlg（'清除内存?'，'警告'） |
| 进程条 | waitbar（x，'DTitle'） | 以图形方式显示运算或处理的进程。参数x为进程的比例长度，必须在0~1之间；参数DTitle为进程条标题 | waitbar（0.5，'请等待'） |
| | waitbar（x，'h'） | 在同一进程中，显示进程的变化。参数h为进程条的句柄。常用在循环语句中 | 参考例题 |
| 变量输入 | inputdlg（prompt，DTitle，line，def，'resize'） | 显示变量输入对话框。参数prompt定义输入窗口及显示信息，DTitle为对话框标题，line定义每个窗口的行数，def为输入的数据，resize定义对话框大小是否可调，可选on或off | 参考例题 |

【例6-4】 设计一个表现渐进过程的进程条，如图6-9所示。

图6-9　进程条

```
clear
clc
h = waitbar (0,'正在计算，请等待 ...');          %h 为进程条的句柄
for i = 1: 1000
    waitbar (i/1000，h)
end
close (h)                                       %关闭进程条
```

【例6-5】 建立一个具有3个输入窗口的对话框，如图6-10所示。

```
clear
clc
prompt = {'姓名','年龄','班级'};
DTitle = '学生注册信息';
```

```
line = [1; 1; 1];
def = {'艾迪','18','08122'};
info = inputdlg (prompt, DTitle, line , def
,'on')
```

程序存盘运行后，显示图示对话框。如不修
改对话框内容，单击"OK"按钮，结果如下：

```
info =
     '艾迪'
     '18'
     '08122'
```

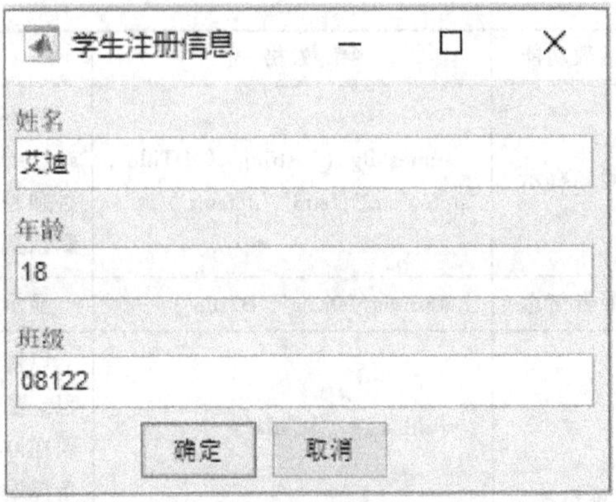

图 6-10 "学生注册信息"对话框

# 6.4  实训　图形用户界面设计

## 6.4.1  跟我学

【例 6-6】  不使用按钮组，建立 3 个具有互斥功能的单选按钮。互斥功能就是按下一个
按钮，另外两个按钮弹起。

（1）题意分析

单选按钮按下时，其 value 属性为 1；弹起时，其 value 属性为 0。先利用 findobj 函数得
到 3 个按钮的句柄，再利用 set 函数将其 value 属性都设置为 0（弹起状态），最后利用 gco
函数得到刚刚被按下的按钮句柄，用 set 函数将其 value 属性都设置为 1（按下状态）。

（2）设计过程

1）创建 GUI。

在命令行窗口输入"guide"后，按〈Enter〉键。在弹出的"GUIDE 快速入门"对话
框，选择 Blank GUI（Default）模板，单击"确定"按钮，打开 GUI 设计窗口。

2）添加并排列控件。

用鼠标从 GUI 设计窗口的组件面板中拖动 3 个"单选按钮"控件并排列整齐。

3）属性设置。

用鼠标双击一个单选按钮，打开其对象属性检查器。将 Callback（回调函数）属性修改
为 h = findobj ('style','radiobutton'), set (h,'value', 0), set (gco,'value', 1)，其他属性为
默认。同样设置另外两个按钮。

4）保存并运行 GUI。

单击工具栏的"运行"按钮 ▶，按照提示保存后运行 GUI。按下按钮观察状态。

【例 6-7】  设计一个图 6-11 所示的图形界面，在数字框中输入 -20~20 的数字，滑块就
能够移动到相应位置。

（1）题意分析

显示滑块位置的数字框可使用"可编辑文本"控件实现，通过键盘输入的数字以字符
串的形式保存在其 String 属性中；滑动条两侧的数字和"滑块位置"标题使用"静态文本"

控件实现，在其 String 属性中输入相应文字和数字即可；滑动条滑块的位置由"滑动条"控件的 Value 属性决定，Value 属性的取值范围由 Max（输入 20）和 Min（输入-20）确定。文本框和滑动条之间的控制关系通过句柄函数实现。

图 6-11  滑动条界面

（2）设计过程

1）创建 GUI。

在命令行窗口输入"guide"后，按〈Enter〉键。在弹出的"GUIDE 快速入门"对话框，选择 Blank GUI（Default）模板，单击"确定"按钮，打开 GUI 设计窗口。

2）添加控件。

用鼠标从 GUI 设计窗口的组件面板中拖动 3 个"静态文本"控件、一个"可编辑文本"控件和一个"滑动条"控件。

3）排列控件。

使用几何位置排列工具，按照图 6-11 所示排列。

**注意**：对垂直和水平位置同时排列，会造成控件重叠。

4）设置控件属性。

用鼠标双击需要设置属性的控件，打开对象属性检查器设置控件属性。

① 静态文本框：FontName（字体）属性修改为"宋体"、FontSize（字号）属性修改为 14、3 个文本框的 String（字符串）属性分别修改为"滑块位置"、-20 和 20。其他属性为默认。

② 滑动条：Max 属性修改为 20、Min 属性修改为-20。其他属性为默认。

③ 可编辑文本框：将 String 属性原有的字符串清除、Callback（回调函数）属性修改为 h1＝findobj（'tag'，'slider1'），k＝get（gcbo，'string'），set（h1，'value'，str2num（k））；

其中：h1 为滑动条的句柄，k 是输入的字符串。利用 set 函数设置滑块的位置。

5）保存并运行 GUI。

单击工具栏的"运行"按钮 ▶，按照提示保存后运行 GUI，在文本框中输入数字，单击〈Enter〉键后观察滑块的位置。

【**例 6-8**】 设计一个带有绘图、操作和退出菜单的图形用户界面，其中"绘图"菜单中有"正弦曲线"和"余弦曲线"两个子菜单，分别控制在图形窗口画出正弦和余弦曲线；"操作"菜单中有"添加网格"和"清除网格"两个子菜单，用于添加和清除网格。单击"退出"菜单出现一个问题提示对话框，有"是""否"两个按钮，单击"是"按钮退出系统，单击"否"按钮不进行任何操作。

（1）题意分析

利用菜单编辑器建立菜单，菜单功能通过回调函数实现。

（2）设计过程

1）建立菜单。

打开 GUIDE 窗口，建立一个 GUI 文件。单击工具栏"菜单编辑器"按钮，打开菜单编辑器窗口，选择"菜单栏"选项卡，按照题意添加下拉式菜单及其子菜单。

2）设置菜单属性。

① 在绘图菜单的"文本"框中输入"绘图"、MenuSelectedFcn 输入框中输入：x = 0：0.01：4 * pi。

② 在正弦曲线子菜单的"文本"框中输入"正弦曲线"、MenuSelectedFcn 输入框中输入：y = sin（x）；plot（x, y）。

③ 在余弦曲线子菜单的"文本"框中输入"余弦曲线"；"文本"中输入：y = cos（x）；plot（x, y）。

④ 在操作菜单的"文本"框中输入"操作"。

⑤ 在添加网格子菜单的"文本"框中输入"添加网格"、MenuSelectedFcn 输入框中输入：grid on。

⑥ 在清除网格子菜单的"文本"框中输入"清除网格"、MenuSelectedFcn 输入框中输入：grid off。

⑦ 在退出菜单的"文本"框中输入"退出"、MenuSelectedFcn 输入框中输入：callfile。

设置完成后的菜单编辑器如图 6-12 所示。

图 6-12　菜单编辑器

⑧ 编辑 M 文件。MenuSelectedFcn 调用的 callfile 是一个 M 文件名，需要编辑建立。打开文件编辑器，输入以下程序：

```
g = questdlg（'关闭图形, 退出系统吗?','问题提示','是','否','否'）;
if g = = '是'            %判断问题回答情况
    close            %关闭图形窗口
end
```

输入完毕后，直接保存文件，保存文件名为 callfile。

**注意**：callfile 文件和设计的 GUI 文件必须在同一个文件夹下，并将该文件夹设置为"当前目录"。

（3）保存并运行 GUI

单击工具栏的"运行"按钮▶，按照提示保存后运行 GUI，先单击"绘图"→"正弦曲线"，再单击"操作"→"添加网格"，运行结果如图 6-13 所示。

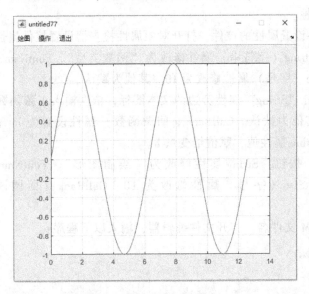

图 6-13　带有菜单的图形用户界面

最后，单击退出菜单，验证设计是否符合题意要求。

【例 6-9】　设计如图 6-14 所示的带有列表框的图形用户界面，在列表框中选择函数类型（默认是正弦函数）后，单击"绘制图形"按钮，绘制出函数曲线，单击"清除图形"按钮，清除曲线，但保留坐标轴。

（1）题意分析

使用"列表框"控件实现函数选择，在列表框的 String 属性中输入 4 个函数名称，如果选择第一个函数（正弦函数），列表框的 Value 属性为 1，如果选择第二个函数（余弦函数），列表框的 Value 属性为 2，以此类推。通过对列表框 Value 属性值的检测，就可知道选择的函数。

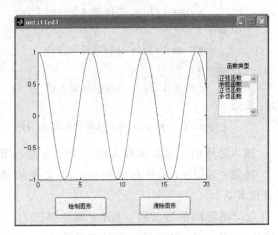

图 6-14　带有列表框的图形用户界面

（2）设计过程

1）创建 GUI。

在命令行窗口输入"guide"后，按〈Enter〉键。在弹出的"GUIDE 快速入门"对话框，选择 Blank GUI（Default）模板，单击"确定"按钮，打开 GUI 设计窗口。

2）添加控件。

用鼠标从 GUI 设计窗口的组件面板中拖动"坐标区"控件、"静态文本"控件、"列表框"控件和"普通按钮"控件。

3）排列控件。

选中控件（两个或两个以上），使用几何位置排列工具，按照图 6-14 所示排列。

**注意**：对垂直和水平位置同时排列，会造成控件重叠。

4）设置控件属性。

用鼠标双击需要设置属性的控件，打开对象属性检查器设置控件属性。

① 静态文本：String（字符串）属性修改为"函数类型"、FontName（字体）属性修改为"宋体"、FontSize（字号）属性修改为 10。其他为默认。

② 列表框：单击"String"属性旁边的文本图标，依次输入正弦函数、余弦函数、正切函数和余切函数。其他为默认。CallBack（回调函数）属性设置为 h = get（gcbo,'value'）；利用 get 函数得到 Value 属性值，赋值给变量 h。

③ "绘制图形"按钮：String 属性修改为"绘制图形"、FontName（字体）属性修改为"宋体"、FontSize（字号）属性修改为 10、CallBack（回调函数）属性设置为callfile1。

callfile1 是一个 M 文件名。打开文件编辑器，输入以下程序：

```
x = 0.01：0.01：20；
switch h
    case 1
        y = sin（x）；      %绘制正弦曲线
    case 2
        y = cos（x）；      %绘制余弦曲线
    case 3
        y = tan（x）；      %绘制正切曲线
    case 4
        y = cot（x）；      %绘制余切曲线
end
    f = plot（x，y）；      % f 为函数曲线的句柄
```

输入完毕后，直接保存文件，文件名为 callfile1。

**注意**：callfile1 文件和设计的 GUI 文件必须在同一个文件夹下，并将该文件夹设置为"当前目录"。

④ "清除图形"按钮：String 属性修改为"清除图形"、FontName（字体）属性修改为"宋体"、FontSize（字号）属性修改为 10、CallBack（回调函数）属性设置为：delete（f）。

5）保存并运行 GUI。

单击工具栏的"运行"按钮 ▶，按照提示保存后，运行 GUI 并验证程序功能。

## 6.4.2 自己练

1. 设计一个包含坐标轴和滑动条的图形用户界面，通过调节滑块可以画出不同频率的正弦波。

2. 设计一个图形用户界面，包含一个坐标轴和 3 个按钮，单击第一个按钮绘制函数 $y = \sin(x^2)\ \mathrm{e}^{-x}$ 的图形；单击第二个按钮，为图形添加网格；单击第三个按钮，清除网格。

3. 绘制函数 $y = 2\sin(5x)\cos(x)$ 的图形，建立一个菜单，用以控制图形曲线的颜色、线型和线宽。

**提示**：可以利用 plot 函数绘制函数图形，图形曲线的颜色属性为 color、线型属性为 lineStyle、线宽属性为 LineWeight。

4. 建立如图 6-15 所示的带有单选按钮的图形用户界面。单击"绘图"按钮，绘制正弦曲线；能够利用单选按钮选择曲线的颜色和线型；单击"清除"按钮，清除曲线。

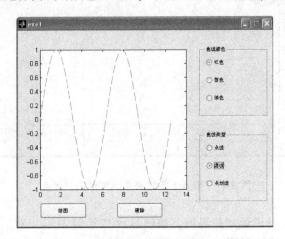

图 6-15　带有单选按钮的图形用户界面

## 6.5　习题

1. GUI 版面设计器提供了哪些控件？各有什么用途？

2. 什么是图形句柄？图形句柄有什么用途？如何设置和获取指定句柄对象的属性值？

3. 回调函数的用途是什么？如何设置？

4. 使用按钮组，建立两个各包含 3 个单选按钮的按钮组，比较按钮之间的互斥情况。

5. 设计如图 6-16 所示显示滑动条滑块位置的图形用户界面。移动滑块时，滑块所处位置能够显示在数字框中。

图 6-16　显示滑动条滑块位置的图形用户界面

6. 设计一个带有上下文菜单的图形用户界面。在图形窗口单击鼠标右键，弹出上下文菜单，选择子菜单项，能够修改图形参数，如图 6-17 所示。

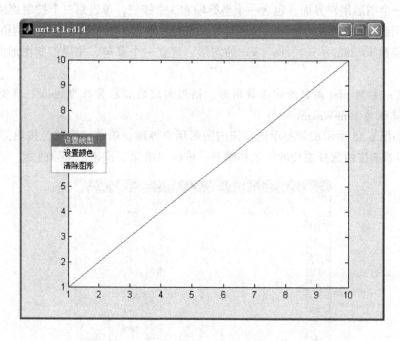

图 6-17 带有上下文菜单的图形用户界面

7. 使用切换按钮设计图形用户界面。按钮显示"绘制图形"时，按下按钮，绘制正弦曲线，按钮显示变为"清除图形"；弹起按钮，清除图形，按钮显示变为"绘制图形"。如图 6-18 所示。

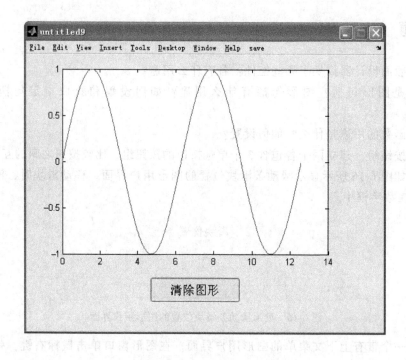

图 6-18 带有切换按钮设计图形用户界面

8. 设计如图 6-19 所示的带有按钮和文本框的图形用户界面。在幅值、频率输入框中输入数值后,单击"绘制图形"按钮,绘制出正弦曲线;单击"清除图形"按钮,清除曲线,保留坐标轴。如果没有输入幅值或频率数值就单击"绘制图形"按钮,不能绘制图形,并弹出错误对话框。

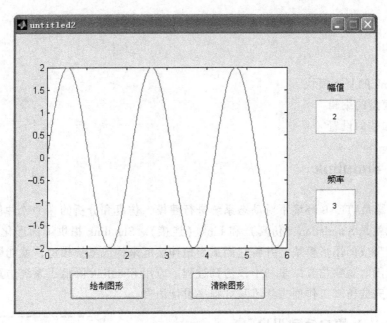

图 6-19　带有按钮和文本框的图形用户界面

# 第 7 章　Simulink 仿真

## 本章要点

- Simulink 的基本模块
- 仿真模型的编辑
- 仿真参数的设置

## 7.1　认识 Simulink

Simulink 是 MATLAB 环境下对动态系统进行建模、仿真和分析的一个软件包。该系统的两个主要功能就是 Simulation（仿真）和 Link（连接）。Simulink 提供了图形化的用户界面，用户只需调用现成的图形模块，并将它们适当地连接起来构成系统模型，就能够对系统进行仿真，并可以随时观察仿真结果和干预仿真过程。应用 Simulink 降低了系统仿真的难度，用户不需要为了完成仿真工作而去学习某种程序设计语言。

### 7.1.1　Simulink 的启动和退出

**1. Simulink 的启动**

在 MATLAB 操作桌面下，单击工具栏中的  Simulink 按钮；或单击"新建"→"Simulink Model"菜单；或在命令行窗口输入命令"simulink"后，单击<Enter>键，都会弹出一个名为"Simulink Start Page"的对话框，如图 7-1 所示。

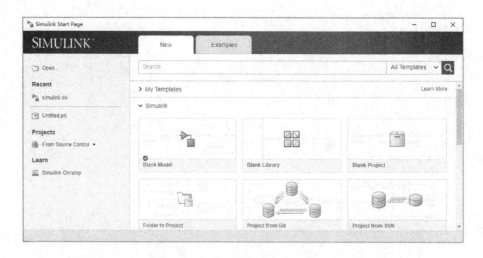

图 7-1　"Simulink Start Page" 对话框

"Simulink Start Page"对话框有"New（新建）"和"Examples（实例）"两个选项卡，其中"New（新建）"选项卡可以选择新建"Blank Model（空白模型）"、"Blank Library（空白库）"、"Blank Project（空白项目）"等；"Examples（实例）"选项卡是一些仿真项目实例，可供参考。

**2. 模型的创建**

单击"Simulink Start Page"对话框中的"Blank Model（空白模型）"，会弹出一个名为"Untitled（无标题）"的空白窗口，所有控制模块都可以创建在这个窗口中，如图7-2所示。

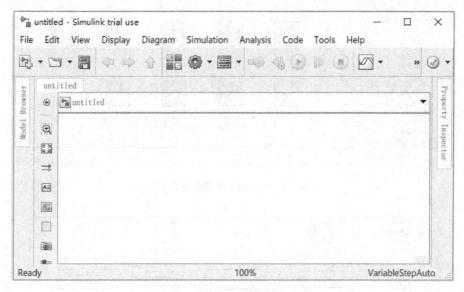

图 7-2　新建模型

如果要对一个已经存在的模块文件进行编辑修改，需要打开该模型文件。可以在MAT-LAB操作桌面左侧"当前文件夹"下，单击模型文件名；也可在命令行窗口直接输入模型文件名（不要加文件扩展名 slx）；也可以单击模型窗口（如图7-2）中的"File"→"Open"菜单，在弹出的对话框中选择或输入欲编辑模型的名字。

退出 Simulink，只要关闭所有模型窗口即可。

## 7.1.2　Simulink 基本模块

Simulink 模块库提供了大量模块。单击"新建模型"窗口工具栏中的 按钮，可以打开 Simulink 模块库浏览器，如图7-3所示。

7.1.2
Simulink基本
模块

创建仿真模型时，用户只要单击其中的子模块库图标，打开子模块库，找到仿真所需的模块，直接拖动到模型窗口中即可。

**1. 信号源模块**（Sources）

在 Simulink 模块库浏览器左侧的资源列表选中"Sources"，或双击右侧窗口中的 Sources 模块图标，都可打开信号源模块，如图7-4所示。

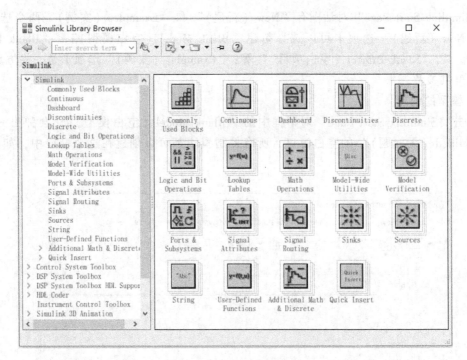

图 7-3　Simulink 模块库浏览器

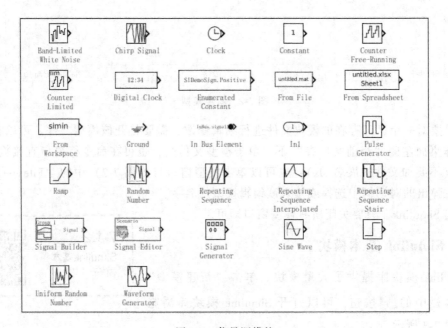

图 7-4　信号源模块

Sources 模块可以提供仿真所需的信号，其子模块的功能如表 7-1 所示。

**2. 输出模块**（Sinks）

输出模块也可称为接收模块，用于显示仿真结果或输出仿真数据。在 Simulink 模块库浏览器左侧的资源列表选中 "Sinks"，或双击右侧窗口中的 Sinks 模块图标，如图 7-5 所示。

表 7-1　信号源模块

| 模　块 | 功　能 | 模　块 | 功　能 |
|---|---|---|---|
| In1 | 创建输入端 | Ground | 接地 |
| From File | 从文件读数据 | From Workspace | 从工作空间读数据 |
| Constant | 常数 | Enumerated Constant | 枚举类型常数 |
| Signal Builder | 信号生成器 | Ramp | 斜波信号 |
| Step | 阶跃信号 | Sine Wave | 正弦波 |
| Signal Generator | 信号发生器 | Chirp Signal | 快速正弦扫描信号 |
| Random Number | 随机信号 | Uniform Random Number | 均匀随机信号 |
| Band-Limited White Noise | 带限白噪声 | Digital Clock | 数字时钟 |
| Pulse Generator | 脉冲发生器 | Repeating Sequence | 重复序列信号 |
| Repeating Sequence Stair | 重复阶梯序列信号 | Repeating Sequence Interpolated | 重复曲线序列信号 |
| Clock | 当前时间 | Digital Clock | 数字时间 |
| Counter Free-Running | 自动运行计数器(溢出时自动清零) | Counter Limited | 有限计数器(可自定义计数上限) |

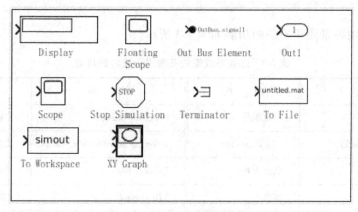

图 7-5　输出模块

输出模块常用子模块的功能如表 7-2 所示。

表 7-2　输出模块常用子模块的功能

| 模　块 | 功　能 | 模　块 | 功　能 |
|---|---|---|---|
| Outl | 创建输出端 | Terminator | 通用终端 |
| To File | 输出到文件 | To Workspace | 输出到工作空间 |
| Scope | 示波器 | Floating Scope | 浮点格式的示波器 |
| XY Graph | XY 关系图 | Display | 实时数值显示 |
| Stop Simulation | 输出不为 0 时停止仿真 | | |

### 3. 连续系统模块（Continuous）

连续系统模块提供积分、导数等连续系统仿真的常用子模块。在 Simulink 模块库浏览器左侧的资源列表选中"Continuous"，或双击右侧窗口中的 Continuous 模块图标，如图 7-6 所示。

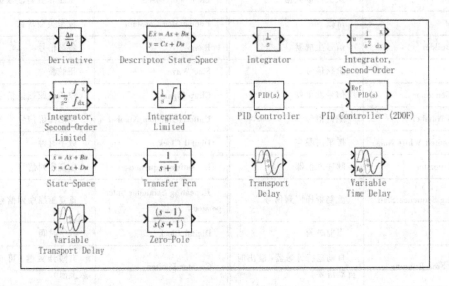

图 7-6　连续系统模块

连续系统模块各常用子模块的功能如表 7-3 所示。

表 7-3　连续系统模块各常用子模块的功能

| 模　块 | 功　能 | 模　块 | 功　能 |
|---|---|---|---|
| Integrator | 不定积分 | Integrator Limited | 定积分 |
| Integrator Second-Order | 二重不定积分 | Integrator Second-Order Limited | 二重定积分 |
| State-Space | 状态方程 | Transfer Fcn | 传递函数 |
| Zero-Pole | 零极点 | PID Controller | PID 控制器 |
| PID Controller(2D OF) | 双自由度 PID 控制器 | Transport Delay | 传输延时 |
| Variable Time Delay | 可变时间延时 | Variable Transport Delay | 可变传输延时 |
| Derivative | 导数 | | |

### 4. 数学运算模块（Math Operations）

数学运算模块提供了基本数学运算函数、三角函数、复数运算函数以及矩阵运算函数。在 Simulink 模块库浏览器左侧的资源列表选中"Math Operations"，或双击右侧窗口中的 Math Operations 模块图标，如图 7-7 所示。

数学运算模块各常用子模块功能如表 7-4 所示。

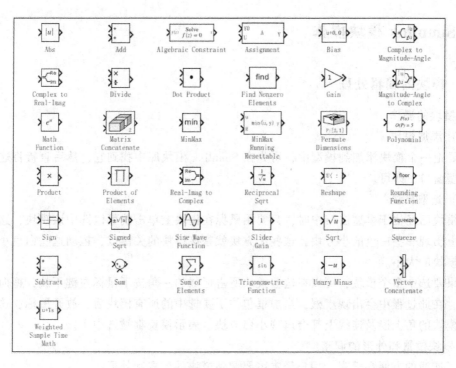

图 7-7　数学运算模块

表 7-4　数学运算模块各常用子模块的功能

| 模　块 | 功　能 | 模　块 | 功　能 |
|---|---|---|---|
| Sum | 求和 | Add | 加法 |
| Subtract | 减法 | Sum of Elements | 各元素的累加和 |
| Bias | 偏移量 | Weighted Sample Time Math | 对信号经过加权时间采样的运算 |
| Gain | 常数增益 | Slider Gain | 可变增益 |
| Product | 乘法 | Divide | 除法 |
| Product of Elements | 各元素的累积 | Dot Product | 点乘 |
| Sign | 符号函数 | Abs | 求绝对值 |
| Unary Minus | 单一元素的负数 | Math Function | 数学运算函数 |
| Rounding Function | 取整函数 | Polynomial | 多项式 |
| MinMax | 求最大值或最小值 | MinMax Running Resettable | 求最大值或最小值,带复位功能 |
| Trigonometric function | 三角函数 | Sine Wave Function | 正弦波形函数 |
| Algebraic Constraint | 代数上的约束常量 | Sqrt | 平方根 |
| Signal Sqrt | 信号的的平方根 | Reciprocal Sqrt | 平方根的倒数 |

## 7.2 Simulink 模块操作

### 7.2.1 模块的编辑处理

**1. 模块的操作**

（1）添加模块

当要把一个模块添加到模型中，可先在 Simulink 模块库中找到它，然后直接将这个模块拖入模型窗口中即可。

（2）选取模块

当模块已经位于模型窗口中时，只要用鼠标在模块上单击就可以选中该模块，这时模块的四角上出现一些白色的小方块，这些小方块就是该模块的关键点，拖动这些白色小方块可以改变模块的大小。

如果要选中多个模块，可以在这些模块所占区域的一角按下鼠标左键不放，拖向该区域的对角，在此过程中会出现虚框，当虚框包住了要选中的所有模块后，放开鼠标，这时在所有被选模块的角上以及连线上都会出现小白方块，表示模块都被选中了。

**2. 模块位置和外形的调整**

为了连线的方便和美观，用户经常需要调整模块的位置和外形。

（1）调整模块位置

改变或调整模块很简单，单击鼠标选中模块，按住左键拖动即可。在拖动过程中，会显示该模块的虚框，将模块放到适当位置，松开鼠标就行了。

（2）调整模块大小

若要改变单个模块的大小，首先选中该模块，会看到模块四角的关键点，然后用鼠标点住模块的关键点，拖动即可改变模块大小。在拖动过程中，可以看到模块外形的虚框，拖到合适大小松开鼠标即可。

若要改变整个模型所有模块的大小，可以单击模型窗口菜单栏的 "View"→"Zoom" 菜单，共有 4 个选项：Zoom In（放大）、Zoom Out（模型缩小）、Fit To View（放大到整个窗口）和 Normal View（恢复正常）。

（3）调整模块方向

首先选中一个或多个模块，然后单击模型窗口菜单栏的 "Diagram"→"Rotate & Flip" 菜单，其中，Clockwise 为模块顺时针旋转 90°、Counterclockwise 为模块逆时针旋转 90°、Flip Block 为模块翻转、Flip Block Name 为模块名称翻转。也可以在模块上单击鼠标右键，在弹出菜单中选择 "Rotate & Flip" 选项。同时这两种操作有快捷键〈Ctrl+R〉（模块顺时针旋转 90°）和〈Ctrl+I〉（模块翻转）。

（4）调整模块颜色和效果

选中某一模块，单击模型窗口菜单栏的 "Diagram"→"Format"→"Foreground Color" 菜单，在弹出对话框中选择模块的背景色，即模块的图标、边框和模块名的颜色。单击 "Background Color" 菜单，在弹出对话框中选择模块的背景色，即模块的背景填充色。在 "Format" 菜单中还有一项 "Canvas Color"，用来改变模型窗口的颜色。

最后还可以给模块加上阴影，产生立体效果。选中模块后，单击"Diagram"→"Format"→Shadow菜单即可。另外，在模块上单击鼠标右键，在弹出菜单中选择"Format"子菜单中的相应选项，也可以完成以上操作。

**3. 模块名的处理**

（1）改变模块名

单击模块名的显示区域，这时会出现编辑状态的光标，在这种状态下能够对模块名进行修改。模块名和模块图标的字体也可以更改，方法是选中模块，单击模型窗口菜单栏的"Diagram"→"Format"→"Font Style for Selection"菜单，这时会弹出"Select Font"对话框，在对话框中选取字体的类型和大小。

（2）隐藏模块名

选中模块，单击模型窗口菜单栏的"Diagram"→"Format"→"Show Block Name"菜单，勾选"off"，则模块名会被隐藏。

（3）改变模块名的位置

模块名的位置有一定的规律，模块的接口在左右两侧时，模块名位于模块的上下两侧，默认在下侧；当模块的接口在上下两侧时，模块名位于模块的左右两侧，默认在左侧。模块名可以用鼠标选中后，拖动到其相对应的位置。

**4. 复制和删除模块**

（1）复制模块

在模型制作的过程中，可能某一个模块要使用多次，总是从Simulink模块库中添加无疑是很麻烦的。其实只要添加一个，其余的用复制即可。在同一个模型窗口中复制模块最简单的方法是：首先选中需要复制的一个或多个模块，然后按下〈Ctrl〉键不放，用鼠标拖动该模块，将模块放到适当的位置，松开鼠标和〈Ctrl〉键即可。

当然也可以使用"Edit"菜单下的"Copy"和"Paste"命令来进行复制和粘贴。在不同窗口之间也可以复制模块，简单的方法是直接将模块拖到目标窗口即可，也可以使用复制、粘贴命令。

（2）删除模块

选中模块，选择"Edit"→"Cut"选项，将模块剪切到剪贴板；单击〈Delete〉键可以彻底删除模块；右键单击模块，在弹出的快捷菜单中也有相应命令。

7.2.2
模块属性和
参数的设置

## 7.2.2 模块属性和参数的设置

**1. 模块参数的设置**

Simulink中几乎所有模块的参数（Parameters）都允许用户进行设置，双击要设置的模块就可以打开模块参数设置对话框，不同模块参数设置对话框的项目会不同。例如"Source"模块库的"Step"模块参数对话框，如图7-8所示。

可以发现对话框基本分为两部分，上面一部分是模块功能的说明，下面一部分用来进行模块参数设置。同样在模型窗口的菜单栏上，单击"Diagram"→"Block Parameters (Step)"选项也可以打开模块参数设置对话框。

**2. 模块属性的设置**

选中要设置属性的模块，然后单击"Diagram"→"Properties"选项；或单击右键在弹出

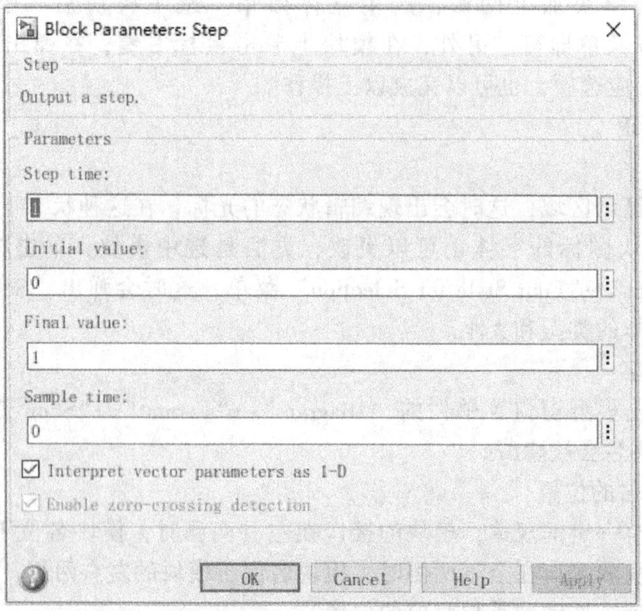

图 7-8　模块参数设置对话框

的菜单中选择"Properties"选项，将得到如图 7-9 所示的属性设置对话框。

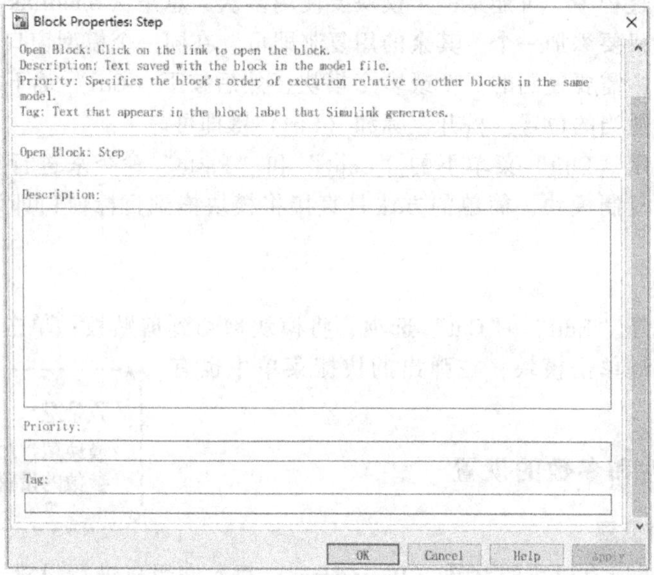

图 7-9　模块属性设置对话框

该对话框有 3 个标签 Description（说明）、Priority（优先级）和 Tag（标记）。根据需要设定的基本属性如下。

1）Description（说明）：对该模块在模型中的用法进行说明。

2）Priority（优先级）：规定该模块在模型中相对于其他模块的优先顺序，优先级的数值必须是整数（可以是负数），该数值越小，优先级越高。

3）Tag（标记）：用户为模块添加的文本格式的标记。

### 7.2.3 模块间的连线

**1. 连接两个模块**

从一个模块的输出端连到另一个模块的输入端是 Simulink 仿真最基本的操作。方法是先移动鼠标指向模块的输出端，鼠标的箭头会变成十字形光标，这时按住鼠标左键，拖动鼠标到另一个模块的输入端，当十字形光标出现"重影"时，释放鼠标即完成了连接。

如果两个模块不在同一水平线上，则连线将是一条折线。若要想用斜线表示，则需要在连接成折线后，按住〈Shift〉键单击连线，连线上出现调整块（小黑块），松开〈Shift〉键，拖动调整块即可。两种连线的效果如图 7-10 所示。

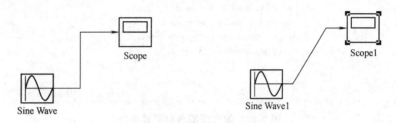

图 7-10　模块的连接

**2. 模块间连线的调整**

用鼠标单击连线，可以选中该连线。这时会看到线上的一些黑色小方块，这些是连线的关键点。用鼠标按住关键点，拖动即可以改变连线的方向。

**3. 连线的分支**

仿真时经常会碰到需要把信号输送到不同的接收端的情况，这时就需要分支结构的连线。可以先连好一条线，然后把鼠标移到支线的起点位置，先按下〈Ctrl〉键，然后按住鼠标，将连线拖到目标模块，松开鼠标和〈Ctrl〉键即可。

**4. 标注连线**

用鼠标双击需要标注的连线，可以看到一个可编辑文本框，在里面输入标注文字后，单击鼠标左键确定即可。另外，在连线上单击鼠标右键，弹出的菜单中还有与连线有关的选项。

**5. 删除连线**

如果想要删除某条连线，可单击要删除的连线，此时连线上会出现标记，表示该连线已经被选中，然后直接单击键盘上的〈Delete〉键，即可删除该连线。

## 7.3　仿真模型的参数设置

7.3
仿真模型的
参数设置

在仿真系统设计过程中，用户事先还必须对仿真算法、输出模式等各种模型参数进行设置。单击模型窗口菜单栏"Simulation"→"Model Configuration Parameters"选项，将出现仿真模型参数配置窗口，如图 7-11 所示。

仿真参数配置窗口主要分为 7 个选项卡：Solver（解题器）、Data Import/Export（数据输入/输出）、Math and Data Types（数学和数据类型）、Diagnostics（诊断）、Hardware Imple-

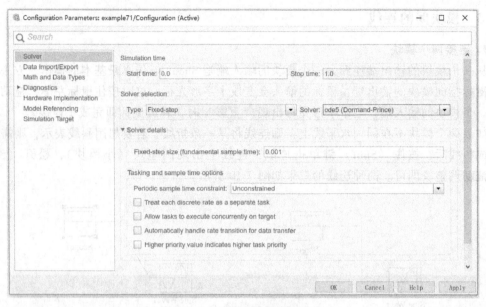

图 7-11　仿真模型参数配置窗口

mentation（硬件工具）、Model Referencing（模型引用）和 Simulation Target（仿真输出文件的格式），其中 Solver、Data Import/Export 和 Diagnostics 三项经常用到。

## 7.3.1　Solver 选项卡

打开仿真模型窗口，就能看到 Solver 选项卡，需要设置以下参数。

（1）Simulation time（仿真时间）

设置仿真起始时间和停止时间。在 Star time 和 Stop time 两个输入框内，直接输入数值，时间单位是秒。但要注意，这里的时间只是计算机对时间的一种表示，执行一次仿真所需的时间依赖于很多因素，包括计算机的时钟频率、模型的复杂程度、解题器及其步长等。

（2）Solver selection（算法选择）

仿真解题器的选择操作。Type（算法类型）分为：Variable-step（变步长算法）和 Fixed-step（固定步长算法）两种。

1）Variable-step（变步长算法）。

变步长算法指在仿真过程中要根据误差自适应地改变步长。在采用变步长算法时，首先应该指定 Solver（解题器），一般设置为 ode45（四/五阶龙格-库塔法），对多数问题而言这是最好的解题器；其次根据需要还可设置 Max step size（最大步长）、Min step size（最小步长）和 Initial step size（初始步长），在默认情况下，系统所给定的最大步长为：最大步长＝（终止时间-起始时间）/50。在一般情况下，系统给定的步长（auto）已经足够，但如果用户所进行的仿真时间过长，则默认步长值会非常大，有可能出现失真，这时应根据需要设置步长。最后要设置允许的误差限，包括 Relative tolerance（相对误差限）和 Absolute tolerance（绝对误差限），当计算过程中的误差超过该误差限时，系统将自动调整步长，步长的大小将决定仿真的精度。

2）Fixed-step。

固定步长算法指在仿真过程中步长不变。在采用固定步长算法时，要设置固定步长长度。由于固定步长的步长不变，所以此时不能设定误差限。

变步长和固定步长都是解题器的模式，这两种模式有多种不同算法。一般对于离散系统，要选择 discrete 算法；而对于连续系统，选择 ode 系列算法。ode 系列算法基于龙格-库塔法，算法采用的阶数越高，计算越精确，但速度越慢。

## 7.3.2　Data Import/Export 选项卡

Data Import/Export 选项卡主要用来设置 Simulink 与 MATLAB 工作区交换数据的有关选项，如图 7-12 所示。

图 7-12　Workspace I/O 选项卡

（1）Load from workspace（从工作区加载数据）

在仿真过程中，如果模型中有输入端口（In 模块），可从工作区直接把数据载入到输入端口。

1）Input：先选中 Input 复选框，在后面的编辑框内输入数据的变量名。变量名的输入形式有数组、结构和带有时间的结构 3 种，默认的表示方法为数组（t，u），t 是一维时间列向量、u 是和 t 长度相等的 n 维列向量（n 表示输入端口的数量），用来表示模块端口状态值。

2）Initial state：表示模块的初始状态。对模块进行初始化时，先选中 Initial state 复选框，然后在后面的编辑框中输入初始数据的变量名和数据，数据个数必须和状态模块数相同。

（2）Save to workspace or file（将输出保存到工作空间或文件）

一般情况选择的输出选项有：Time（时间），States（状态），Output（输出端口）和 Final state（最终状态）。

1）Time：将仿真过程的采样时间点输出到工作空间的某个变量，变量名由用户给定。

2）States：把模块在各个采样点的状态输出到某个工作空间变量。

3）Output：与 States 相似，但只能输出模型端口的数据，如果模型中没有输出端口，则 Output 不能有输出。

4）Final state：只输出每一个模块的最终状态。

### 7.3.3 Diagnostics 选项卡

在 Diagnostics 选项卡中，主要是指定系统对一些事件或仿真过程中可能遇到的情况做出什么反映。Diagnostics 选项卡如图 7-13 所示。

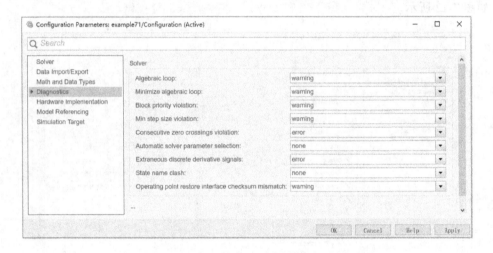

图 7-13 Diagnostics 选项卡

在选项卡的中间列出了仿真过程中可能出现的一些事件，用户可以在相应事件右边的下拉框中根据需要选择系统的反应（即采取的操作）。反应的类型有以下几种：

1）None：不做任何反应，不影响程序运行。

2）Warning：显示警告信息，不影响程序的运行。

3）Error：显示错误信息，中止运行的程序。

## 7.4 实训 Simulink 仿真

### 7.4.1 跟我学

【例 7-1】 仿真 $x(t) = \sin(t)\sin(10t)$ 的波形。

（1）建立模型窗口

在 MATLAB 命令行窗口的菜单栏上，单击"新建"→"Simulink Model"菜单选项，然后在弹出的"Simulink Start Page"对话框中，单击"Blank Model"，打开一个名为"untitled"的模型窗口。

（2）添加模块

单击"新建模型"窗口工具栏中的 ![button] 按钮，打开 Simulink 模块库浏览器。单击其中的"Sources（信号源模块）"，在右边的窗口中找到"Sine Wave（正弦源）"，然后用鼠标将其拖到模型窗口（重复一次，得到第二个正弦源）。按照同样的方法，在"Sinks（输出模块）"中把"Scope（示波器）"拖到模型窗口；在"Math Operations（数学模块）"中把"Dot Product（点乘法器）"拖到模型窗口。

（3）设置模块参数

先设置信号源参数：双击一个正弦源，打开"Source Block parameters（源模块参数）"对话框，把"Frequency（频率）"改为 2 * pi（角频率弧度制）；把"Amplitude（幅度）"改为 1，其他参数不用改。同样将另一个正弦源的频率改为 20 * pi。如图 7-14 所示。

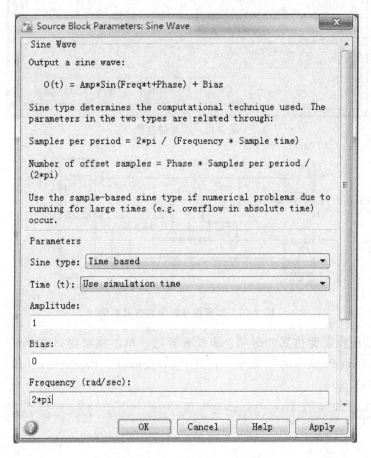

图 7-14　正弦信号参数

然后双击示波器图标，打开 Scope 窗口，单击其工具栏上的"设置"按钮 ⚙，打开示波器属性窗口，将"Number of axes（坐标区的数量）"改为 3，因为要观察 3 个波形。如图 7-15 所示。

（4）编辑模块

将各个模块连接起来，如图 7-16 所示。

（5）系统仿真参数设置

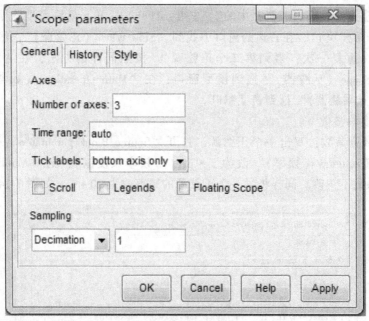

图 7-15　示波器参数

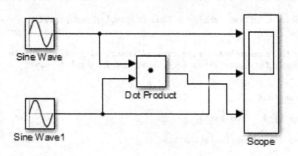

图 7-16　实现信号相乘的仿真系统

　　仿真之前，还要设置仿真的时间、步长和算法。单击模型窗口菜单栏 "Simulation" →"Model Configuration Parameters" 选项，打开 "Configuration Parameters（仿真参数设置）"，对话框，如图 7-17 所示。

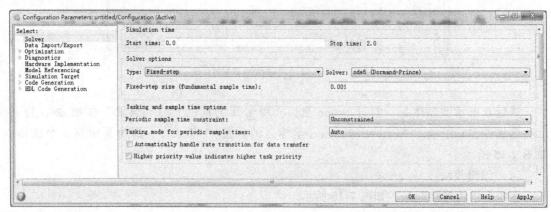

图 7-17　"Configuration Parameters" 对话框

把仿真结束时间设置为 2，即仿真时间总长为 2 秒；把算法选择中的 "Type" 设为 "Fixed-step（固定步长）"，并在其右边的算法框选择 ode5（龙格-库塔法的 5 阶算法），再把 "Fixed step size（固定步长尺寸）" 设置为 0.001 秒。

（6）系统仿真

系统仿真参数设置完成后，单击模型窗口中的 "运行" 按钮 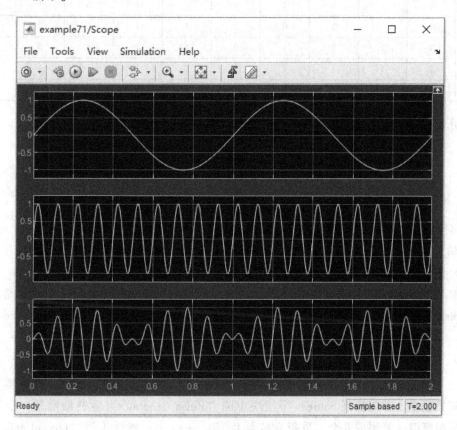 或单击模型窗口的 "Simu-link"→"Run" 命令进行仿真。

（7）观察系统仿真结果

系统仿真结束后（系统仿真的时间取决于系统的复杂程度），双击模型窗口的示波器图标，打开示波器波形窗口，单击 "View"→"Layout" 菜单，从中选择波形排列方式，仿真结果如图 7-18 所示。

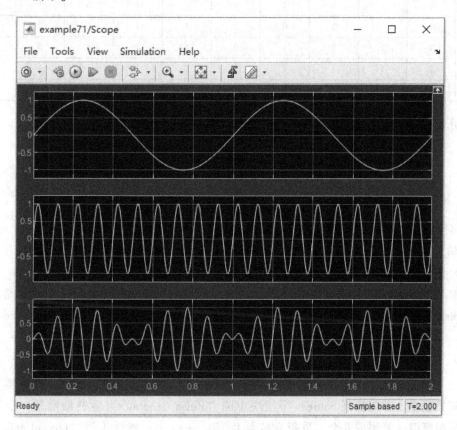

图 7-18　仿真结果

如果波形重叠在一个窗口显示，可单击 "View" → "Layout" 菜单，拖到鼠标选择需要显示的窗口数量和排列方式。由于示波器的坐标区刻度设置不同，看到的波形可能会不一样。单击示波器窗口工具栏上的按钮，可以自动调整坐标来使波形刚好完整显示。

【例 7-2】　设计一个数字电路的 8 线-3 线编码器，并用 Simulink 仿真。

**1. 题目分析**

分析编码器的功能，写出编码器的逻辑表达式。编码就是在选定的一系列二值代码中赋予每个代码以固定的含义，执行编码功能的电路统称为编码器。8 线-3 线编码器是对输入的

8 个信号进行编码，输出 3 位二进制数。采用负逻辑，要求输入信号每次只有一个是 0，其余 7 个是 1，其中值为 0 的信号是待编码的信号。根据要求写出输入输出对应的真值表，如表 7-5 所示。

表 7-5　8 线-3 线编码器真值表

| 输入信号 | | | | | | | | 输出信号 | | |
|---|---|---|---|---|---|---|---|---|---|---|
| $J_0$ | $J_1$ | $J_2$ | $J_3$ | $J_4$ | $J_5$ | $J_6$ | $J_7$ | $Y_2$ | $Y_1$ | $Y_0$ |
| 0 | 1 | 1 | 1 | 1 | 1 | 1 | 1 | 0 | 0 | 0 |
| 1 | 0 | 1 | 1 | 1 | 1 | 1 | 1 | 0 | 0 | 1 |
| 1 | 1 | 0 | 1 | 1 | 1 | 1 | 1 | 0 | 1 | 0 |
| 1 | 1 | 1 | 0 | 1 | 1 | 1 | 1 | 0 | 1 | 1 |
| 1 | 1 | 1 | 1 | 0 | 1 | 1 | 1 | 1 | 0 | 0 |
| 1 | 1 | 1 | 1 | 1 | 0 | 1 | 1 | 1 | 0 | 1 |
| 1 | 1 | 1 | 1 | 1 | 1 | 0 | 1 | 1 | 1 | 0 |
| 1 | 1 | 1 | 1 | 1 | 1 | 1 | 0 | 1 | 1 | 1 |

利用真值表，写出输入输出间的逻辑函数式，如式 7-1 所示。

$$Y_0 = \overline{J_1 \quad J_3 \quad J_5 \quad J_7}$$
$$Y_1 = \overline{J_2 \quad J_3 \quad J_6 \quad J_7} \tag{7-1}$$
$$Y_2 = \overline{J_4 \quad J_5 \quad J_6 \quad J_7}$$

在写出逻辑表达式之后，可以用与非门来实现这个表达式。

**2. 仿真实现编码器**

（1）建立模型窗口

在 MATLAB 命令行窗口的菜单栏上，单击"新建"→"Simulink Model"菜单，然后在弹出的"Simulink Start Page"对话框中，单击"Blank Model"，打开一个名为"untitled"的模型窗口。

（2）添加模块

单击"新建模型"窗口工具栏中的■■按钮，打开模块库浏览器。将本次仿真需要的模块添加到模型中。首先找到 Sources 子模块中的"Pulse Generator（脉冲激励源）"，拖动到新建的模型窗口，复制成 8 个，重新命名为 $J_0$、$J_1$、…、$J_7$；然后找到"Logical and Bit Operations（逻辑和位运算）"子模块中的"Logical Operator（逻辑运算）"模块，拖动到新建的模型窗口，复制成 3 个，重新命名为 $Y_0$、$Y_1$ 和 $Y_2$；最后找到 Sinks 子模块中的 Scope（示波器），拖动到新建的模型窗口，复制成 3 个。

（3）修改模块参数

首先用鼠标双击 Logical Operator 模块 $Y_0$，打开其属性对话框，在这个对话框下半部分的参数设置栏内，将"Operator（操作）"修改为"NAND（与非）"，将"Number of input ports（节点数）"修改为 4，然后单击"OK"按钮确定。其余两个逻辑运算模块 $Y_1$、$Y_2$ 也同样修改。

用鼠标双击示波器模块 Scope2，在其工具栏上单击"设置"按钮 ⚙，可以打开示波器属性设置对话框，将"Number of axes（坐标轴数）"改为 3，"Sampling"改为"Sample time"；同样地，将示波器 Scope1 和 Scope0 的坐标轴数改为 4。

最后修改脉冲源的属性。用鼠标双击脉冲源 $J_0$，"Source Block Parameters（脉冲源参数设置）"对话框如图 7-19 所示。

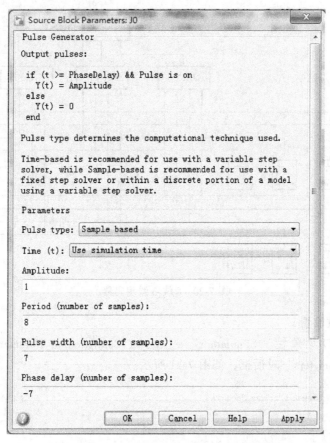

图 7-19 "Source Block Parameters"对话框

"Source Block Parameters"对话框中参数的意义及其设置，分别解释如下。

1）Pulse type：脉冲类型。需要修改为"Sample based（离散脉冲）"。

2）Amplitude：方波信号的幅度。

3）Period：方波信号的周期（以采样时间为单位）。

4）Pulse width：脉冲宽度（即电平为 1 的时间，以采样时间为单位）。

5）Phase delay：相位延迟（即信号开始的时间，以采样时间为单位）。

6）Sample Time：采样时间长度，以秒为单位。

根据编码器的设计要求，$J_0$ 到 $J_7$ 应依次为低电平，所以 $J_0$ 到 $J_7$ 的周期设为 8，脉冲宽度设为 7，相位延迟依次为 -7~0（$J_0$ 为 -7，$J_1$ 为 -6，$J_2$ 为 -5，…），幅度和采样时间采用默认值。这样在零时刻，$J_0$ 为低电平，其余输入为高电平；过一个采样时间，$J_1$ 变为低电平。这样下去，到第 7 个采样时间，$J_7$ 变为低电平。

（4）连线及仿真

根据电路的逻辑表达式，适当改变模块方向，将 $J_1$、$J_3$、$J_5$、$J_7$ 接至 $Y_0$ 的输入端，将 $J_2$、$J_3$、$J_6$、$J_7$ 接至 $Y_1$ 的输入端，将 $J_4$、$J_5$、$J_6$、$J_7$ 接至 $Y_2$ 的输入端。用 Scope 监测 $Y_2$、$Y_1$、$Y_0$ 的输出，Scope1 用来监视 $J_0 \sim J_3$ 4 个波形，Scope2 用来监视 $J_4 \sim J_7$ 4 个波形，完成连线。8 线-3 线编码器如图 7-20 所示。

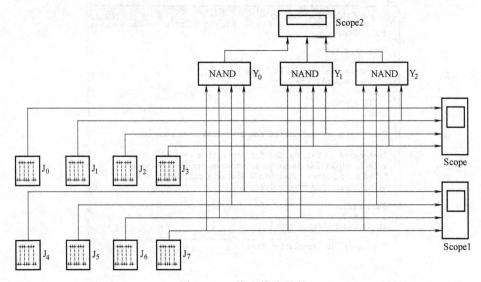

图 7-20　8 线-3 线编码器

（5）仿真参数设置

单击模型窗口菜单栏 "Simulation" → "Model Configuration Parameters" 选项，打开 "Configuration Parameters" 对话框，如图 7-21 所示。

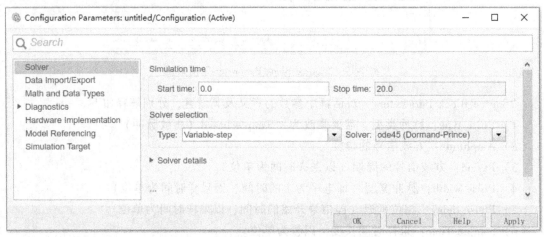

图 7-21　"Configuration Parameters" 对话框

将 "Simulink time" 设置为 0～20s，采用变步长仿真，解题器使用 ode45。

（6）系统仿真

系统仿真参数设置完成后，单击模型窗口中的 "运行" 按钮 ▶ 或单击模型窗口的

"Simulink"→"Run"命令进行仿真。仿真结束后，用鼠标双击打开3个示波器，可以从示波器Scope0和Scope1中看到编码器8个输入端的波形，如图7-22和图7-23所示。

可以看出，$J_0$到$J_7$是以8个脉宽为周期，依次出现0电平。在示波器Scope2中可以看到编码器输出波形，如图7-24所示。

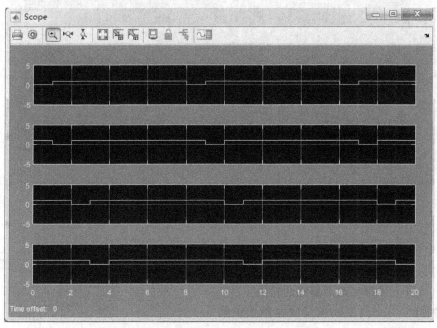

图7-22　编码器输入波形（$J_0 \sim J_3$ 4个脉冲信号）

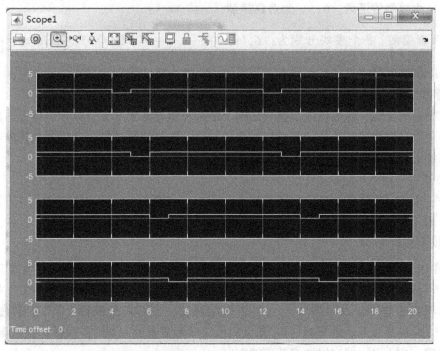

图7-23　编码器输入波形（$J_4 \sim J_7$ 4个脉冲信号）

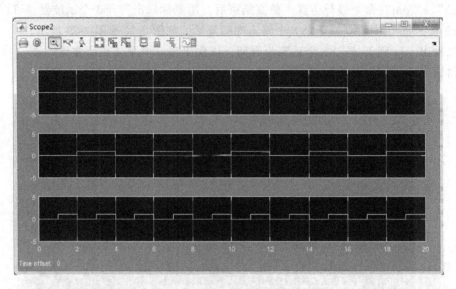

图 7-24 编码器输出波形

由图中可以清楚地看到，输出的 3 位二进制码依次为：000、001、010、011、100、101、110、111，从而实现了编码的功能。

**【例 7-3】** 一个典型线性反馈控制系统结构图如图 7-25 所示。

图中 $R(s)$ 为输入函数，$Y(s)$ 为输出函数，$G_c(s)$ 为控制器模型，$G(s)$ 为对象模型，

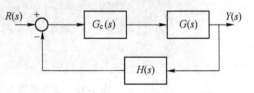

图 7-25 一个典型线性反馈控制系统结构图

$H(s)$ 为反馈模型。各个模块分别为：$G_c(s) = \dfrac{4}{s^3 + 2s^2 + 3s + 4}$、$G(s) = \dfrac{s-3}{s+3}$、$H(s) = \dfrac{1}{0.01s+1}$。

用 Simulink 仿真软件求出开环系统和闭环系统的阶跃响应曲线。

**1. 题目分析**

对控制系统来说，系统的数学模型实际上是某种微分方程或差分方程模型，因此在仿真过程中需要以某种数值算法从给定的初始条件出发，逐步地算出每一个时刻系统的响应，最后绘出系统的响应曲线，由此分析系统的性能。

**2. 仿真**

1）在 MATLAB 命令行窗口的菜单栏上，单击"新建"→"Simulink Model"选项，然后在弹出的"Simulink Start Page"对话框中，单击"Blank Model"，打开一个名为"untitled"的模型窗口。

2）单击"新建模型"窗口工具栏中的 按钮，在打开的模块库浏览器窗口中单击"Control System Toolbox（工具箱）"按钮，打开控制系统工具箱，并将其中的 LTI 模型拖动到新建的模型窗口中，共需要 3 个（可再拖动两次，也可以复制两个），重新命名为 Gc (s)、G (s) 和 H (s)。由于 H (s) 是反向模块（即表示负反馈），所以需选中该模块后，使用快捷键〈Ctrl+R〉两次以改变其传输方向。

3）用鼠标双击其中的 $G_c(s)$ 模块，在"设置模块参数"对话框的 LTI system variable 栏内，将系统传递函数修改为 tf(4, [1, 2, 3, 4])；同样，把 G(s) 的传递函数修改为 tf([1, -3], [1, 3])、H(s) 的传递函数修改为 tf(1, [0.01, 1])。

4）在模块库浏览器窗口中，单击 Sources 模块（信号源），将其中的 Step 模块（阶跃信号）拖动到模型窗口；用鼠标单击 Math Operations 模块（数学运算），将其中的 Sum 模块（求和运算）拖动到模型窗口，用鼠标双击将 List of signs 改为+-；单击 Sinks 模块（输出），将其中的 Scope 模块（示波器）拖动到模型窗口，并按图 7-26 连接好系统。

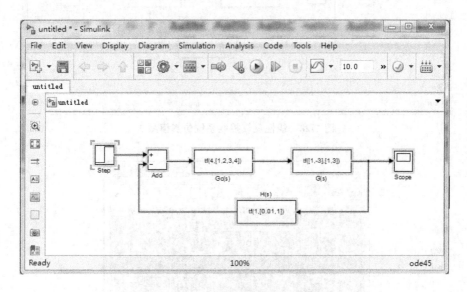

图 7-26　线性反馈控制系统仿真模型 1

5）单击模型窗口菜单栏"Simulation"→"Model Configuration Parameters"选项，打开"Configuration Parameters"对话框，将"Simulink time"设置为 0～10s，采用变步长仿真，解题器使用 ode45。

6）系统仿真参数设置完成后，单击模型窗口中的"运行"按钮▶或单击模型窗口的"Simulink"→"Run"命令进行仿真。仿真结束后，用鼠标双击打开示波器，即可得到闭环系统的阶跃响应曲线，如图 7-27 所示。

7）断开图 7-26 中 H(s) 模块左侧或右侧的连线，使其成为开环系统，线性反馈控制系统仿真模型 2 如图 7-28 所示。

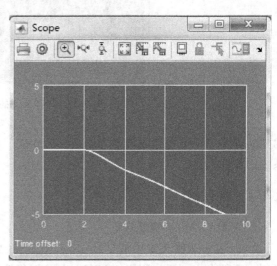

图 7-27　闭环系统的阶跃响应曲线

再进行仿真，即可得到如图 7-29 所示的开环系统的阶跃响应曲线。

从这个例子可以看出，开环系统是稳定的，而闭环系统是不稳定的。因此，并不是所有

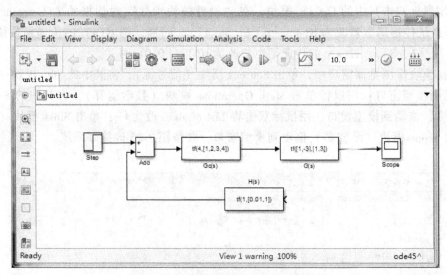

图 7-28  线性反馈控制系统仿真模型 2

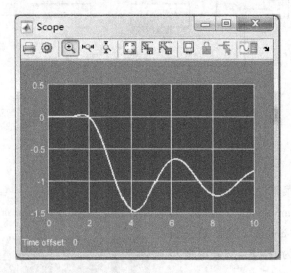

图 7-29  开环系统的阶跃响应曲线

的控制器和闭环结构都能够改善原系统的性能，事实上，如果控制器设计不当，则将使闭环系统的特性恶化。

## 7.4.2  自己练

1. 浏览 Simulink 模块库。

2. 对 Source 模块库中的"Uniform Random Number（均匀随机信号）"模块进行选取、复制、调整大小、添加阴影、改变方向及颜色等编辑操作，设置模块参数，用 Scope 观察输出波形。

3. 仿真对斜坡信号的积分运算，并显示输出结果。

4. 设计一个数字电路的 3 线-8 线译码器，并用 Simulink 仿真。

## 7.5 习题

1. 什么是 Simulink？其主要功能是什么？
2. 应用 Simulink 仿真的主要步骤有哪些？
3. 如何设置 Simulink 仿真参数？
4. 利用 Scope（示波器）观察 Source（信号源）中各种信号的波形。
5. 建立阶跃信号 $\varepsilon(t-2)$ 积分运算的仿真模型，并观察信号波形。
6. 仿真 $y(t) = \sin(t) - \sin(2t)$ 的波形。
7. 仿真一位二进制半加器（半加时不考虑来自低位的进位）。

# 第8章 MATLAB 综合实训

## 本章要点

- 数字图像的几何操作
- 图像置乱与恢复
- 数字水印算法的实现
- 图像分割与识别

## 8.1 数字图像的几何操作

8.1
数字图像的
几何操作

图像本身是一种二维连续函数，图像的亮度是其空间位置的函数。对模拟图像的空间和亮度进行数字化就得到数字图像，数字图像可以用一个矩阵表示。图像处理是指利用数字技术，对图像施加运算或处理，从而达到某种预想的目的。

### 8.1.1 项目说明

**1. 项目要求**

（1）图像的文件操作

图像的文件操作是将不同格式的数字图像读入 MATLAB 工作空间，能够正确显示图像，能够按照指定格式保存图像文件。

（2）图像的剪裁操作

图像的剪裁操作是能够将图像剪裁成指定尺寸，能够拖动鼠标选择剪裁区域。

（3）图像的大小调整

图像的大小调整是输入参数，能够使图像放大、缩小及拉伸。

（4）图像的旋转

图像的旋转是输入参数，能够使图像按指定角度、指定方向旋转。

（5）图像的插值操作

图像的插值操作是在两个图像元素间进行插值，实现对图像的扩展，使图像在视觉上更加细腻。

（6）拓展要求

拓展要求是实现图像几何操作的图形用户界面设计，包括"文件操作""剪裁""调整""旋转"和"插值"等基本功能。

**2. 实施步骤**

1）讨论、研究项目要求，明确项目内容。

2）学习项目设计提示，练习相关函数的用法。

3）编写程序，实现项目功能。

4）图形用户界面的设计与实现。

5）项目演示。

## 8.1.2 项目设计提示

项目所用图像可以是数码相机或摄像头拍摄的数字图像，也可以直接使用 MATLAB 图像工具箱提供图像。常用图像处理函数如表 8-1 所示。

表 8-1 常用图像处理函数

| 函数功能 | 函数格式 | 说明 | 用法举例 |
|---|---|---|---|
| 装入图像 | load 文件名 | 将以 mat 为扩展名的图像文件直接装入工作空间，赋值给变量 X，数据类型为 double | load woman<br>load wbarb |
| 读入图像 | A = imread('文件名','图像格式') | 从图像文件中读入图像数据到变量 A 中。图像格式包括 bmp、tif、jpg、png 等 | A = imread('pout','tif') |
| | A = imread('文件名.扩展名') | | B = imread('tire.tif') |
| 图像显示 | imshow(图像变量名) | 显示数据类型为 uint8 的灰度图像 | imshow(A) |
| | imshow(图像变量名,map) | 显示数据类型为 double 的索引图像。map 为颜色图 | imshow(X,map) |
| 图像剪裁 | 变量名 = imcrop(图像变量名) | 交互式剪裁。拖动鼠标选定剪裁区域 | I = imcrop(A) |
| | 变量名 = imcrop(图像变量名,[x y w h]) | 非交互式剪裁。x 和 y 为剪裁起点；w 为宽度、h 为高度 | I = imcrop(A[30 60 100 80]) |
| 图像大小调整 | 变量名 = imresize(图像变量名,调整系数,'参数') | 比例调整。调整系数为"放大"或"缩小"的倍数；参数表示插值方法，包括 nearest（默认）、bilinear、bicubic 等 | I = imresize(A,2,'bilinear') |
| | 变量名 = imresize(图像变量名,[m n],'参数') | 拉伸调整。得到尺寸为 m×n 的图像，参数表示插值方法 | I = imresize(A,[200 150],'bilinear') |
| 图像旋转 | 变量名 = imrotate(图像变量名,角度,'参数') | 角度为正，逆时针旋转；角度为负，顺时针旋转。参数表示插值方法 | I = imrotate(A,15,'bicubic') |
| | 变量名 = imrotate(图像变量名,角度,'参数','crop') | crop 可以将旋转后超出原图的部分剪裁掉，得到与原图像大小相同的部分 | I = imrotate(A,-2,'bilinear','crop') |
| 图像插值 | 变量名 = interp2(图像变量名,n,'参数') | n 为插值次数。每插值一次，在两个元素间插入一个点。参数表示插值方法 | I = interp2(A,2,'bicubic') |

说明：表 8-1 中仅列出函数的部分用法，详细用法可利用 help 获得。

【例 8-1】 对一幅图像进行剪裁、放大两倍和旋转 15°的处理。

```
clear
clc
X = imread('cameraman.tif');          %调入原图像
subplot(221);
imshow(X); title('原图像');           %显示原图像
X1 = imcrop(X,[60 40 100 90]);       % [60 40 100 90]为剪裁区域
```

```
subplot（222）;
imshow（X1）; title（'原图像剪裁块'）;
X2=imresize（X, 2,'bilinear'）;                    %参数'bilinear'为双线性插值
subplot（223）;
imshow（X2）; title（'拉伸调整的原图像'）;
X3=imrotate（X, 15,'bilinear','crop'）;          %参数'crop'为返回同样大小的图像
subplot（224）;
imshow（X3）; title（'旋转的原图像'）;
```

程序运行结果如图 8-1 所示。

a)                                          b)

c)                                          d)

图 8-1　图像几何操作

a）原图像　b）原图像剪裁块　c）拉伸调整的原图像　d）旋转的原图像

### 8.1.3　项目评价

项目评价是在教师的主持下，通过项目负责人的讲解演示评估项目的完成情况。评价内容如下：

1）图像的视觉效果。

2）处理图像与原始图像之间的偏离程度。

3）图形用户界面是否友好。

## 8.2　数字图像增强

8.2
数字图像增强

图像增强就是对图像进行加工，以得到对具体应用来

166

说视觉效果更"好",更"有用"的图像。

## 8.2.1 项目说明

**1. 项目要求**

（1）图像测试

图像测试是测试教师提供的数字灰度图像，得到图像均值和灰度值的概率分布图，并与图像的视觉效果进行比较。

（2）图像添加噪声

图像添加噪声是为了得到质量降低的图像，主动给图像加入噪声信号。

（3）图像的对比度调整

图像的对比度调整是编写程序，能够调整图像的对比度，使图像过亮的区域暗一点、过暗的区域亮一点。

（4）图像求反

图像求反是将图像灰度值翻转，即黑变白、白变黑，得到原图像的底片。

（5）图像平滑

图像平滑是通过的对图像的平滑处理，能够滤除图像中的噪声。

（6）拓展要求

拓展要求是实现图像增强操作的图形用户界面设计，包括"图像测试""添加噪声""对比度调整""图像求反"和"图像平滑"等基本功能。

**2. 实施步骤**

1）讨论、研究项目要求，明确项目内容。

2）学习项目设计提示，分析算法。

3）仿真算法，完成项目。

4）项目演示、讲解设计方案，完成项目评价。

## 8.2.2 项目设计提示

本项目可以利用图像处理工具箱提供的函数实现，也可以利用学过的函数，通过编程实现。为提高程序设计能力，建议编程实现。针对项目要求，参考算法如下。

（1）图像测试

图像测试是先将教师提供的图像读入工作空间，记下图像尺寸和数据类型，利用 hist 函数绘制概率分布图，注意横坐标的数值范围和步长；使用统计函数 mean 计算图像均值。

（2）图像添加噪声

图像添加噪声是噪声信号可以由随机矩阵函数实现，直接与图像相加即可，注意相加后的值不要超过图像的数据范围，也不要小于 0；如果加噪的效果不明显，可增大随机矩阵的元素数值，例如乘以一个大于 1 的系数。

（3）图像的对比度调整

图像的对比度调整是先将图像数据按照数值范围分段，例如分成 3 段，数值高的段，对应图像亮的地方，乘以一个小于 1 的系数；数值低的段对应暗的地方，乘以一个大于 1 的系数；中间段可不做调整。系数的大小由视觉效果决定。

（4）图像求反

图像求反是用 255 减图像的每个元素即可。255 为 8bit 灰度图像的元素最大值，对应白色；0 对应黑色。

（5）图像平滑

图像平滑是将图像中除 4 个边（第 1 行、末行、第 1 列、末列）的元素外，每个元素都用其 8 邻域与其自身相加之和的平均值代替，这种平滑方法称为均值滤波；如果是用这 9 个元素的中间值代替就称为中值滤波。元素的 8 邻域指在该元素上、下、左、右、对角和反对角位置上的 8 个元素。

【例 8-2】 使用均值滤波方法使图像平滑。

```
clear
clc
I=imread ('cameraman. tif');                        %读入图像，I 为 uin8 类型
subplot (131);
imshow (I); title ('原图像');
A=round (randn (256, 256) * 15);                     %随机矩阵放大 15 倍，生成噪声
I1=I+uint8 (A);                                      %加入噪声，A 由 double 转为 uin8
subplot (132);
imshow (I1); title ('加噪声后的图像');
I2=double (I1);
for i=2: 255
    for j=2: 255
        temp=0;
        for m=1: 3                                   %均值滤波
            for n=1: 3
                temp=temp+I2 (i+m-2,j+n-2);
            end
        end
        I2 (i,j) = round (temp/9);
    end
end
subplot (133);
imshow (uint8 (I2)); title ('平滑操作后的图像');
```

运行程序，图像的平滑处理效果如图 8-2c 所示。

## 8.2.3 项目评价

图像处理的效果与图像本身有关，不同的图像对同一种算法会有不同的表现。评价时，需要处理多幅特点不同的图像，对处理效果进行综合评价，可从以下几个方面评价。

（1）主观评价

主观评价是观察图像处理的视觉效果，综合多个观察者的评价意见。

（2）算法评价

图 8-2  图像的平滑处理效果

a）原图像  b）加噪声后的图像  c）平滑操作后的图像

算法评价是主要评价算法是否正确、实现功能是否符合项目要求、有无功能扩展、程序可读性如何、算法是否简练、编写是否规范、程序运行效率如何等方面。

（3）演示过程评价

演示过程评价是主要评价演示效果如何、对算法理解程度如何、回答问题是否准确、语言是否流畅等方面。

## 8.3  数字图像置乱

8.3
数字图像置乱

图像置乱是对图像元素的位置按照某种规律（密钥）重新排列，达到隐藏图像真实内容的目的，置乱后的图像可以根据同样的规律（密钥）恢复。

### 8.3.1  项目说明

**1. 项目要求**

（1）图像的客观评价

由于图像的主观评价受到图像内容、评价人等因素的影响，可靠性和可重复性较差，需要采用客观评价指标。图像的客观评价指标常用的主要有峰值信噪比和相关系数两个，编写函数文件实现这两个指标。

（2）图像置乱

对教师提供的数字灰度图像进行置乱操作，保存密钥，置乱图像与原图像的相关系数要小于 0.1，并与原图像在视觉效果上进行比较。

（3）置乱图像恢复

利用置乱密钥和置乱后的图像恢复出原图像，得到恢复图像与原图像的相关系数要大于0.9，并与原图像在视觉效果上没有区别。

**2. 实施步骤**

1）讨论和研究项目要求，明确项目内容。

2）学习项目设计提示，分析算法。

3）仿真算法，讨论、评价和修改算法，并确定一个项目实现方案。

4）实现方案，完成项目。

5）撰写项目报告。

6）项目演示、讲解设计方案，完成项目评价。

## 8.3.2 项目设计提示

（1）图像的客观评价

相关系数可以使用二维相关函数 corr2 实现，峰值信噪比的计算公式如式（8-1）所示。

$$PSNR = 10 \times \log_{10}\left(\frac{M \cdot N \cdot \max(f^2(x,\ y))}{\sum\limits_{x=0}^{M-1}\sum\limits_{y=0}^{N-1}\left(f(x,\ y) - f'(x,\ y)\right)^2}\right) \tag{8-1}$$

式中 $f(x,\ y)$——大小为 $M \cdot N$ 的原图像。

$f'(x,\ y)$——处理后的图像。

（2）图像置乱

**方案一**：类似于扑克洗牌。将图像的全部偶数行提出，构成图像 1；再提出全部奇数行构成图像 2，连接图像 1 和图像 2，构成与原图像同样尺寸的新图像；对新图像的列进行同样的操作。重复 n 次，满足要求即可，n 为密钥。例如 1、2、3、4、5、6、7、8 代表图像行号，重排 1 次变为：2、4、6、8、1、3、5、7，重排 2 次变为 4、8、3、7、2、6、1、5。注意：并非重排的次数越多越好，上例的 8 行重排 6 次就还原了。

**方案二**：先将图像变成单列矩阵 A，使每一个图像元素都有一个唯一的地址（单列矩阵的行号），再利用 randperm（随机排列整数矩阵）函数生成一个同样长度的单列矩阵 B，该矩阵与原图像的尺寸信息作为密钥保存；建立一个与 A、B 等长的单列矩阵 C，C 中存放以矩阵 B 的元素值为地址的矩阵 A 的元素。例如 A（1）= 162、A（2）= 79、A（3）= 196，B（1）= 2、B（2）= 3、B（3）= 1，则 C（1）= 79、C（2）= 196、C（3）= 162，排列规律为 C（i）= A（B（i）），i 为行号；最后将单列矩阵 C 恢复成与原图像尺寸相同的矩阵，就得到置乱后的图像。

（3）置乱图像恢复

需要知道置乱密钥和置乱方案才能恢复出原图像，用不同方案置乱的图像需要用相应的算法恢复。

在程序设计中需要注意数据的类型，必要时可强制数据类型转换。

【例 8-3】 图像置乱算法（方案二）。

```
clear
clc
X = imread（'cameraman. tif'）;
subplot（121）
imshow（X）
title（'原图像'）                        %显示原图像

A = X（:）;
B = randperm（65536）;                    %生成随机排列整数矩阵，作为置乱密钥
C = zeros（65536, 1）;
for i = 1: 65536
    C（i）= A（B（i））;                    %置乱，用密钥重新排列图像矩阵
```

```
    end

D = zeros (256);
k = 1;
for i = 1: 256                                    %将单列矩阵转换成与原图像同样尺寸的矩阵
    for j = 1: 256
        D (j, i) = C (k);
        k = k+1;
    end
end
subplot (122)
imshow (uint8 (D))                               %uint8 (D) 强制转换 D 的数据格式
title ('置乱后的图像')

imwrite (uint8 (D), 'd: \ image. bmp', 'bmp')     %保存置乱后的图像
fid = fopen ('d: \ test. bin', 'wb')              %保存密钥
fwrite (fid, B, 'double')
fclose (fid)
```

运行程序，图像置乱效果如图 8-3 所示。

原图像                      置乱后的图像

图 8-3　图像置乱效果

【例 8-4】　方案二的图像恢复程序。

```
clear
clc
RD = imread ('d: \ image. bmp', 'bmp');           %读入置乱后
                                                  的图像
subplot (121)
imshow (RD)
title ('置乱后的图像')
fid = fopen ('d: \ test. bin', 'rb')              %读入密钥
RB = fread (fid, 65536, 'double');
```

8.3
数字图像
置乱的恢复

```
fclose （fid）

RC=RD （:）；                        %生成单列矩阵
RA=zeros （65536, 1）；
for i=1: 65536
    RA （RB （i） ） = RC （i）；      %恢复，用密钥重新排列置乱的矩阵
end


X=zeros （256）；
k=1;
for i=1: 256                         %将单列矩阵转换成与原图像同样尺寸的矩阵
    for j=1: 256
        X （j, i） = RA （k）；
        k=k+1;
    end
end
X=uint8 （X）；
subplot （122）
imshow （X）
title （'恢复的图像'）
```

运行程序，图像恢复效果如图 8-4 所示。

置乱后的图像

恢复的图像

图 8-4　图像恢复效果

## 8.3.3　项目评价

本项目的评价重点是算法评价和开发文档的评价，主要评价以下几个方面。

（1）客观评价

客观评价是利用峰值信噪比和相关系数等指标评价图像置乱效果和恢复效果。

（2）算法评价

算法评价是主要评价算法实现方案的优势和缺陷，安全性如何？运算时间是多少？有无

实用价值等方面。

（3）项目开发文档评价

项目开发文档评价是主要评价文档内容是否完整、分析是否全面、结构是否合理、语句是否通顺、编辑排版是否规范等方面。

（4）论述答辩过程评价

论述答辩过程评价是主要评价答辩态度如何、思路是否清晰、回答是否准确、语言是否流畅、对算法不足有无认识等方面。

# 8.4 数字水印技术

8.4
数字水印技术

数字水印就是将版权（或认证）信息嵌入到多媒体数据中，但不影响原始数据的正常使用，目的是鉴别非法复制或盗用的数字图像产品，主要用于数字产品的知识产权保护、产品防伪等方面。

## 8.4.1 项目说明

### 1. 项目背景介绍

（1）数字水印分类

随着数字水印技术的快速发展，各种水印算法层出不穷，分类方式也多种多样。主要可以分为以下几类。

1）按水印特性划分：可分为鲁棒水印和脆弱水印。鲁棒水印主要用于在数字产品中标识著作权信息，如作者、作品序号等，要求嵌入的水印能够经受各种常用的编辑处理；脆弱水印主要用于产品完整性的保护，与鲁棒水印的要求相反，脆弱水印必须对信号的改动很敏感，根据脆弱水印的状态就可以判断数据是否被篡改过。

2）按水印所附载的媒体划分：可分为图像水印、音频水印、视频水印、文本水印以及用于三维网格模型的水印等。

3）按水印的检测过程划分：可分为明文水印和盲水印。明文水印在检测过程中需要原始数据，而盲水印的检测则只需要密钥，不需要原始数据。一般来说，明文水印的鲁棒性比较强，但其应用受到存储成本的限制。

4）按水印的内容划分：可分为有意义水印和无意义水印。有意义水印是指水印本身也是某个数字图像（如商标图像）或数字音频片段的编码；无意义水印是指某种特定的序列号。有意义水印的优势在于，如果受到攻击或其他原因致使解码后的水印破损，人们仍然可以通过视觉观察确认是否有水印。但对于无意义水印来说，如果解码后的水印序列有若干码元错误，则只能通过统计决策来确定信号中是否含有水印。

（2）数字水印的评价

数字水印的评价方法有主观评价和客观评价两种。评价指标主要有隐蔽性、鲁棒性和水印容量3个。

1）隐蔽性：指原始图像在嵌入水印后的改变程度。可以用原始图像与嵌入水印后的图像进行比较来确定其隐蔽性。

2）鲁棒性：指含有水印的图像在经过各种线性和非线性处理后，提取的水印与原始水印之间的差别。差别的大小常用来判断待测图像中是否存在水印。

3）水印容量：指水印的信息量。水印容量和鲁棒性之间是相互矛盾的，水印容量的增加会带来鲁棒性的下降，对隐蔽性也有同样的影响。

**2. 项目要求**

以一幅 256×256 的 256 级灰度图像 woman 作为原始图像，以一幅 256×256 的黑白图像 text. png 的局部作为水印图像。水印检测不需要原始图像，只需要密钥；水印具有一定的隐藏性和鲁棒性。

（1）隐蔽性

隐蔽性要求含有水印的图像与原始图像在视觉上无明显改变、峰值信噪比大于 30、相关系数大于 0.95。提取的水印图像与嵌入的水印图像相关系数大于 0.9，视觉上无明显差别。

（2）鲁棒性

鲁棒性要求含有水印的图像经过剪切、加噪声、滤波、压缩等处理后，提取的水印图像在视觉上变化不大，与原水印的峰值信噪比大于 30、相关系数大于 0.85。

（3）水印容量

在满足隐蔽性和鲁棒性指标的前提下，水印容量越多越好。

**3. 实施步骤**

1）讨论、研究项目要求，明确项目内容。

2）检索、阅读参考资料，学习项目设计提示。

3）仿真算法，讨论、评价、修改算法，并确定一个项目实现方案。

4）实现方案，完成项目。

5）撰写项目报告。

6）项目演示、讲解设计方案，完成项目评价。

## 8.4.2　项目设计提示

（1）数字水印嵌入模型

数字水印嵌入模型就是在密钥的指导下，将水印序列根据嵌入算法加入到原始图像的数据中；也可以先将原始图像变换（例如傅里叶变换、离散余弦变换、小波变换等），再用水印序列改变系数，经反变换重构成含有水印的图像，水印嵌入算法如图 8-5 所示。

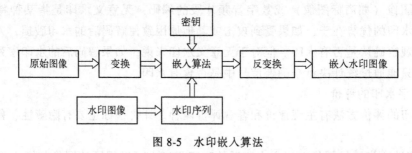

图 8-5　水印嵌入算法

（2）数字水印提取模型

数字水印提取模型与嵌入模型对应，利用待测图像和密钥提取水印序列（无论有无水印，都按照提取算法提取），再与原始水印序列进行比较，判断水印的有无，水印提取算法如图 8-6 所示。

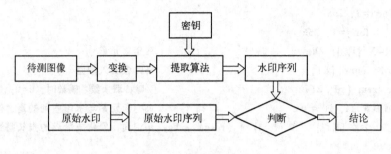

图 8-6　水印提取算法

（3）算法介绍

水印算法多种多样，各自有各自的特点和应用范围，主要有代表性的有以下几种。

1）最低有效位算法（LSB）：这是一种典型的空间域信息隐藏算法。用特定的密钥产生随机信号，然后，按一定的规则排列成二维水印信号，并逐一插入到原始图像相应像素值的最低几位。由于水印信号隐藏在最低几位，相当于叠加了一个能量微弱的信号，因而，在视觉和听觉上很难察觉。水印的检测是通过待测图像与水印图像的相关运算和统计决策实现的。LSB 算法虽然可以隐藏较多的信息，但隐藏的信息可以被轻易移去，无法满足数字水印的鲁棒性要求。

2）变换域水印算法：变换域水印算法是目前研究最多的一种数字水印，具备鲁棒性强、隐蔽性好的特点。主要是在图像的变换域中选择中、低频系数嵌入水印，这是因为人眼的感觉主要集中在这一频段，攻击者在破坏水印的过程中，不可避免的会引起图像质量的严重下降，因此一般的图像处理过程不会改变这部分数据。

（4）算法举例

本算法通过量化图像元素数值来嵌入水印序列。例如，元素数值被量化成奇数就代表嵌入"1"，量化成偶数就代表嵌入"0"。原始图像中，每个原始数据最大的改变量就是量化步长。步长大，鲁棒性强，但隐藏性弱，需要折中考虑。量化步长和嵌入位置信息就是密钥。水印提取时，根据密钥，考察待测图像元素的奇、偶，奇数形成"1"、偶数形成"0"。

【例 8-5】　水印嵌入算法。

```
clear
clc
X = imread（'cameraman. tif'）;              %调入原始图像
subplot（131）
imshow（X）
title（'原始图像'）
DW = imread（'text. png'）;                   %读入原始图像
subplot（132）
imshow（DW）
title（'水印的原始图像'）
```

```
            key = 10;                                      %密钥 key,量化步长为 10
            DX = zeros (256);
            for i = 1: 256
                for j = 1: 256
            d = X (i, j) /key;                             %量化元素
            rd = round (d);                                %四舍五入取整
            c = rem (rd, 2);                               %除 2 取余数。偶数时,c=0;奇数时,c=1
            if DW (i, j) == c                              %判断元素与水印序列的奇、偶是否相同
                DX (i, j) = X (i, j) + (rd-d) * key;       %相同,量化成最近的步长整数倍
            else
                DX (i, j) = X (i, j) + (rd-d+1) * key;     %不同,增加一个步长。如 80 变为 90
            end
        end
    end
end
subplot (133)
DX = uint8 (DX);                                           %为了正确显示和保存,强制类型转换
imshow (DX)
title ('含有水印的图像')
imwrite (DX,'d: \ waterimage. bmp','bmp')                 %保存含有水印的图像
```

运行程序,结果如图 8-7 所示。

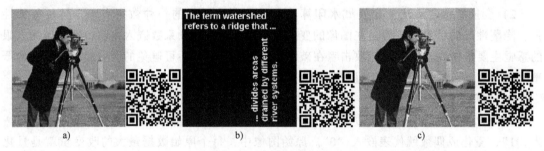

图 8-7  水印嵌入算法效果

a) 原始图像  b) 水印的原始图像  c) 含有水印的图像

【例 8-6】  水印提取算法。

8.4
数字水印
提取算法

```
clear
clc
R = imread ('d: \ waterimage. bmp','bmp');     %读入待测图像
subplot (131)
imshow (R)
title ('含有水印的图像')
DW = imread ('text. png');                      %读入水印的原
                                                 始图像
subplot (132)
imshow (DW)
```

```
title （'水印的原始图像'）
key=10;                                  %密钥
RW=zeros （256）;
for i=1: 256
    for j=1: 256
        d=R （i, j） /key;             %量化元素
        rd=round （d）;                %四舍五入取整
        c=rem （rd, 2）;              %除 2 取余数
        if c= =1
            RW （i, j） = 1;           %奇数，水印元素为 1
        else
            RW （i, j） = 0;           %偶数，水印元素为 0
        end
    end
end
subplot （133）
imshow （RW）                           %显示提取的水印图像
title （'提取的水印图像'）
```

运行程序，结果如图 8-8 所示。

a)

b)

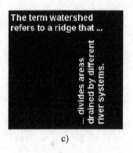
c)

图 8-8　水印提取算法效果

a）含有水印的图像　b）水印的原始图像　c）提取的水印图像

### 8.4.3　项目评价

重点评价对新技术的理解能力和研究能力，主要评价以下几个方面。

（1）信息获取和归纳能力

信息获取和归纳能力是评价获取信息的数量、途径，以及获取的信息质量，能否将获取的信息总结归纳。

（2）新技术的研究能力

新技术的研究能力是能否找到研究的重点和难点，能否仿真已有的算法，并指出其特点。研究在保证隐蔽性的前提下，如何提高水印的鲁棒性。

（3）算法评价

算法评价是主要从水印隐蔽性和鲁棒性两个方面评价算法。主观评价原始图像、含有水

印图像的视觉效果,改变量化步长对图像隐蔽性的影响;利用峰值信噪比和相关系数等客观评价指标,评价水印的嵌入效果、提取的水印与原始水印的差别等。

(4)论文评价

论文评价是主要评价论文内容是否完整、对已有算法的分析是否正确、算法的描述是否准确、算法有无创新、语句是否通顺、编辑排版是否规范等。

(5)答辩过程评价

答辩过程评价是主要评价对算法的理解程度如何、思路是否清晰、回答问题是否准确、语言是否流畅等。

# 附　　录

## 附录 A　部分习题答案

**第 1 章**

1. (1) B　(2) D　(3) A　(4) D　(5) D

2. (1) ×　(2) ×　(3) √　(4) ×　(5) √

5. 0.0167

6. 61.1739

7. $A * B = \begin{pmatrix} 1 & -184 \\ -27 & -266.9 \\ 0 & 46 \\ 207 & 69 \end{pmatrix}$、$C < D = \begin{pmatrix} 0 & 0 & 1 & 0 \\ 1 & 0 & 0 & 0 \end{pmatrix}$、$C \& D = \begin{pmatrix} 1 & 0 & 0 & 0 \\ 0 & 1 & 0 & 1 \end{pmatrix}$

　　$C \mid D = \begin{pmatrix} 1 & 1 & 1 & 1 \\ 1 & 1 & 0 & 1 \end{pmatrix}$、$\sim C \mid \sim D = \begin{pmatrix} 0 & 1 & 1 & 1 \\ 1 & 0 & 1 & 0 \end{pmatrix}$

8. (1) $A + 5 * B = \begin{pmatrix} 3 & 24 & -5 \\ 46 & -7 & 26 \\ 6 & -3 & 50 \end{pmatrix}$、$A - B = \begin{pmatrix} 9 & 6 & 7 \\ 34 & -7 & 8 \\ 24 & -9 & -4 \end{pmatrix}$

　　(2) $A * B = \begin{pmatrix} -5 & 29 & 56 \\ -83 & 119 & 6 \\ -52 & 68 & -21 \end{pmatrix}$、$A \cdot * B = \begin{pmatrix} -8 & 27 & -10 \\ 72 & 0 & 33 \\ -63 & -8 & 45 \end{pmatrix}$

　　(3) $A^{\wedge}3 = \begin{pmatrix} 6272 & 3342 & 2944 \\ 15714 & -856 & 5260 \\ 8142 & -1906 & 2390 \end{pmatrix}$、$A \cdot^{\wedge}3 = \begin{pmatrix} 512 & 729 & 125 \\ 46656 & -343 & 1331 \\ 9261 & -512 & 125 \end{pmatrix}$

　　(4) $A / B = \begin{pmatrix} 3.1341 & 4.9634 & -0.4024 \\ -1.2561 & 12.5244 & -3.2317 \\ -1.9878 & 6.4512 & -2.0366 \end{pmatrix}$、$B \backslash A = \begin{pmatrix} 10.7195 & -1.2683 & 3.5244 \\ 9.4756 & 1.5854 & 3.7195 \\ 4.8537 & -1.4878 & 1.3171 \end{pmatrix}$

　　(5) $[A, B] = \begin{pmatrix} 8 & 9 & 5 & -1 & 3 & 2 \\ 36 & -7 & 11 & 2 & 0 & 3 \\ 21 & -8 & 5 & -3 & 1 & 9 \end{pmatrix}$

9. (1) [ 0 0 0 0 0 1 0 0 0 0 ]　　(2) [ 1 1 1 1 1 1 0 0 0 0 ]

　　(3) [ 0 0 0 0 1 1 1 0 0 0 ]　　(4) 1

**第 2 章**

8. $S = 1.8447e+019$

9. 1333300

10. 加密程序如下：

```
clear
clc
Dat=input（'请输入一个小于四位的整数 Dat='）
a=floor（Dat/1000）;
b=floor（Dat/100-a*10）;
c=floor（Dat/10-a*100-b*10）;
d=floor（rem（Dat，10））;
NewDat=rem（（a+7），10）*1000+rem（（b+7），10）*100+rem（（c+7），10）*10+rem
（（d+7），10）
```

解密程序如下：

```
clear
clc
Dat=input（'请输入一个加密的整数 Dat='）
a=floor（Dat/1000）;
b=floor（Dat/100-a*10）;
c=floor（Dat/10-a*100-b*10）;
d=floor（rem（Dat，10））;
ENDat=rem（（a+10-7），10）*1000+rem（（b+10-7），10）*100+...
        rem（（c+10-7），10）*10+rem（（d+10-7），10）
```

11. 前 20 项之和是 32.6603。参考程序如下：

```
clear
clc
sum=0;
a=1; b=1;
for i=1:20
    sum=sum+（a+b）/a;
    temp=a;
    a=a+b;
    b=temp;
end
sum
```

12. 猴子第一天摘了 94 个桃子。利用函数的递归调用实现，参考函数如下：

```
function peach=day（n）
if n==6
    peach=1;
else
    peach=（day（n+1）+1）*2;
end
```

函数文件编辑完成后，直接存盘。在命令行窗口输入：

peachsum＝day（1）

## 第4章

1. （（1+4＊x+6＊x$^\wedge$2+8＊x$^\wedge$3）/x$^\wedge$3）$^\wedge$（1/3）

2. （1）5$^\wedge$（1/2）　　（2）0

3. $y'＝-2＊\sin（x^\wedge 2）＊x＊\sin（1/x）^\wedge 2-2＊\cos（x^\wedge 2）＊\sin（1/x）＊\cos（1/x）/x^\wedge 2$

4. （1）exp（x$^\wedge$2）　　（2）−1/3＊（1−x$^\wedge$2）$^\wedge$（3/2）　　　（3）1/2＊log（3）

5. 2＊x/（1+x$^\wedge$2）

6. （1）1627/2520　　（2）18434　　（3）385

7. 2$^\wedge$（1/3）+1/6＊2$^\wedge$（1/3）＊x−1/36＊2$^\wedge$（1/3）＊x$^\wedge$2−319/648＊2$^\wedge$（1/3）＊x$^\wedge$3+319/1944＊2$^\wedge$（1/3）＊x$^\wedge$4

8. （1）x＝4/149　　　y＝523/149　　　z＝158/149

　　（2）x＝−161/93　　　y＝−43/93　　　z＝82/93

## 第5章

3. （1）$15x^5+7x^4-3.5x^3+0.5x^2-2x-2$

　　（2）0.7071　　0.1000＋0.6245i　　0.1000−0.6245i　　−0.7071　　−0.6667

4. （1）2.6906　　−0.3453+1.3187i　　−0.3453−1.3187i

　　（2）−1.6844+3.4313i　　−1.6844−3.4313i　　1.3688

5. 当 $x＝0$ 时，极小值为−6；$x＝-1.7321$ 时，函数值接近零点。

6. （1）X′＝

1.0000　1.0335　1.0670　1.1005　1.1340　1.1840　1.2340　1.2840　1.3340

1.3840　1.4340　1.4840　1.5340　1.5840　1.6340　1.6840　1.7340　1.7840

1.8340　1.8840　1.9340　1.9840　2.0340　2.0840　2.1340　2.1840　2.2340

2.2840　2.3340　2.3840　2.4340　2.4840　2.5340　2.5840　2.6340　2.6840

2.7340　2.7840　2.8340　2.8840　2.9340　2.9505　2.9670　2.9835　3.0000

Y′＝

2.0000　　2.1013　　2.2044　　2.3091　　2.4156　　2.5780　　2.7443　　2.9147

3.0892　　3.2679　　3.4507　　3.6378　　3.8291　　4.0247　　4.2246　　4.4289

4.6375　　4.8504　　5.0678　　5.2896　　5.5159　　5.7465　　5.9817　　6.2213

6.4655　　6.7142　　6.9673　　7.2251　　7.4874　　7.7542　　8.0257　　8.3017

8.5823　　8.8675　　9.1574　　9.4518　　9.7510　　10.0547　　10.3631　　10.6762

10.9940　　11.0999　　11.2063　　11.3133　　11.4208

（2）X′＝

1.0000　1.0500　1.1000　1.1500　1.2000　1.2500　1.3000　1.3500　1.4000

1.4500　1.5000　1.5500　1.6000　1.6500　1.7000　1.7500　1.8000　1.8500

1.9000　1.9500　2.0000　2.0500　2.1000　2.1500　2.2000　2.2500　2.3000

2.3500　2.4000　2.4500　2.5000　2.5500　2.6000　2.6500　2.7000　2.7500

2.8000　2.8500　2.9000　2.9500　3.0000

$$Y' =$$

| | | | | | | | | |
|---|---|---|---|---|---|---|---|---|
| 3.0000 | 3.0302 | 3.0606 | 3.0914 | 3.1224 | 3.1538 | 3.1855 | 3.2175 | 3.2499 |
| 3.2825 | 3.3155 | 3.3488 | 3.3825 | 3.4165 | 3.4508 | 3.4855 | 3.5205 | 3.5559 |
| 3.5917 | 3.6277 | 3.6642 | 3.7010 | 3.7382 | 3.7758 | 3.8137 | 3.8521 | 3.8908 |
| 3.9299 | 3.9694 | 4.0093 | 4.0496 | 4.0903 | 4.1314 | 4.1729 | 4.2148 | 4.2572 |
| 4.3000 | 4.3432 | 4.3869 | 4.4309 | 4.4755 | | | | |

7. 样本均值 = 2.1275、样本方差 = 5.9868e−004、样本标准差 = 0.0245、样本中值 = 2.13、极差 = 0.09。

8. 垩白粒率的相关系数 = 0.9788、垩白度的相关系数 = 0.9511，可代替人工目测。

9. 最近点插值 $K = 0.0695$；线性插值 $K = 0.0696$；三次样条插值 $K = 0.0688$；三次多项式插值 $K = 0.0688$；双立方插值 $K = 0.0684$。

**第 6 章**

5. 将可编辑框文本控件 String 属性原有的字符串清除；滑动条控件的 Callback 属性修改为 h1 = findobj('tag','edit1')；k = get(gcbo,'value')；set(h1,'string', k)。其中：h1 为可编辑框文本控件的句柄；k 是滑动条滑块的位置，set 函数设置可编辑框文本控件的显示文本。

6. 单击工具栏菜单编辑器图标，打开菜单编辑器窗口，选择上下文菜单选项卡，按照题意添加上下文菜单（Operation）及其子菜单（设置线型、设置颜色、清除图形）。在 Operation 菜单的 Callback 文本框中输入：h = plot（1：10）；在"设置线型"子菜单的 Callback 文本框中输入：set（h,' linestyle',':'）；在"设置颜色"子菜单的 Callback 文本框中输入：set（h,' color',' r'）；在"清除图形"子菜单的 Callback 文本框中输入：delete（h）。

回到 GUI 设计窗口，再将坐标轴对象的 UIContextMenu 属性设置为上下文菜单的标记（Operation）。

7. 切换按钮控件的 String 属性设置为"绘制图形"，Callback 属性设置为 callfile2。callfile2 是一个 M 文件名。打开文件编辑器，输入以下程序：

```
x = 0：0.01：4 * pi；
y = sin（x）；
h = findobj（'tag','togglebutton1'）；
n = get（h,'value'）；
if n = = 1
    m = plot（x, y）；
    set（h,'string','清除图形'）
else
    delete（m）
    set（h,'string','绘制图形'）
end
```

# 附录 B　二维码清单

| 名　　称 | 二维码 | 名　　称 | 二维码 |
|---|---|---|---|
| 1.1.1　操作界面 | | 2.1.2　M 文件的调试 | |
| 1.1.2　帮助系统 | | 2.2.5　循环的嵌套 | |
| 1.2.1　变量 | | 2.3　函数文件 | |
| 1.3.1　矩阵的建立 | | 3.1.1　plot 函数 | |
| 1.3.3　矩阵的操作 | | 3.2.1　特殊坐标二维图形 | |
| 1.4　关系运算与逻辑运算 | | 3.2.2　特殊二维图形 | |
| 1.5.1　文件的打开与关闭 | | 3.3.1　三维数据的产生 | |
| 1.5.3　声音文件的读写操作 | | 3.3.2　三维曲线图 | |
| 1.5.4　图像文件的读写操作 | | 3.3.3　三维曲面图形 | |
| 2.1.1　M 文件的建立 | | 3.4.1　图形编辑工具 | |

| 名　　称 | 二维码 | 名　　称 | 二维码 |
|---|---|---|---|
| 图 3-33　椭圆形着色表面图 | | 5.4.4　数据拟合工具 | |
| 4.1.1　符号变量和符号矩阵 | | 6.1.1　GUI 开发环境 | |
| 4.1.3　可视化符号函数计算器 | | 6.2.1　控件 | |
| 4.5.2　直接绘图 | | 6.2.3　对象属性检查器 | |
| 5.2.2　数值插值 | | 6.2.4　图形窗口的属性 | |
| 5.2.2　曲线拟合 | | 图 6-5　三维图形的演示程序 | |
| 5.4.1　随机数生成工具 | | 6.3.2　菜单 | |
| 5.4.2　概率分布观察工具 | | 图 6-8　下拉式菜单 | |
| 5.4.3　交互式拟合工具 | | 7.1.1　Simulink 的启动和退出 | |
| 5.4.4　基本统计工具 | | 7.1.2　Simulink 基本模块 | |

| 名　称 | 二维码 | 名　称 | 二维码 |
|---|---|---|---|
| 7.2.2　模块属性和参数的设置 | | 图 8-1b | |
| 7.3　仿真模型的参数设置 | | 图 8-1c | |
| 8.1　数字图像的几何操作 | | 图 8-1d | |
| 8.2　数字图像增强 | | 图 8-2a | |
| 8.3　数字图像置乱 | | 图 8-2b | |
| 8.3　数字图像置乱的恢复 | | 图 8-2c | |
| 8.4　数字水印技术 | | 图 8-7a | |
| 8.4　数字水印提取算法 | | 图 8-7b | |
| 图 8-1a | | 图 8-7c | |

# 参 考 文 献

［1］ 罗建军. MATLAB 教程 ［M］. 北京：电子工业出版社，2005.

［2］ 刘卫国. MATLAB 程序设计与应用 ［M］. 北京：高等教育出版社，2002.

［3］ 周开利，邓春晖. MATLAB 基础及应用教程 ［M］. 北京：北京大学出版社，2007.

［4］ 梅志红，杨万铨. MATLAB 程序设计基础及其应用 ［M］. 北京：清华大学出版社，2005.

［5］ 张森，张正亮. MATLAB 仿真技术与应用实例教程 ［M］. 北京：机械工业出版社，2004.

［6］ 张志涌，杨祖樱. MATLAB 教程 ［M］. 北京：北京航空航天大学出版社，2010.

［7］ 姚俊，马松辉. Simulink 建模与仿真 ［M］. 西安：西安电子科技大学出版社，2003.

［8］ 钟麟，王峰. MATLAB 仿真技术与应用教程 ［M］. 北京：国防工业出版社，2004.